FUEL

396
TURBO-JET

ULTIMATE MUSCLE CAR

DAVID NEWHARDT · PETER HARHOLDT

Impressum

HEEL Verlag GmbH
Gut Pottscheidt
53639 Königswinter
Telefon 02223 9230-0
Telefax 02223 923013
info@heel-verlag.de
www.heel-verlag.de

Der Originaltitel „The art of the Muscle Car" ist erschienen bei:
Motorbooks, eine Verlagsmarke der MBI Publishing Company, 400 First Avenue North, Suite 300, Minneapolis, MN 55401 USA

Lektorat: Jost Neßhöver

Printed in China

ISBN 978-3-86852-809-1

Umschlagbild: Dodge 1971 Charger Super Bee

Auf der Titelseite: 1969 Chevrolet El Camino SS und 1967 Dodge Charger Hemi

Über den Autor:
Der Fotograf und Autor David Newhardt wurde in Chicago geboren und studierte professionelle Fotografie an der Southern Illinois University. Er war acht Jahre lang Soldat, bevor er sich in Südkalifornien niederließ. Newhardt war drei Jahre lang für *Motor Trend* tätig und schrieb für zahlreiche Autozeitschriften. Er war auch als Modefotograf aktiv, fand aber Autos unkomplizierter im Umgang. Newhardt ist Autor von sieben Büchern und hat Fotos für Dutzende weiterer gemacht. Er ist seit vielen Jahren Mitglied der Motor Press Guild und lebt heute in Walworth, Wisconsin.

Über den Fotografen:
Peter Harholdt hat sich Zeit seines Lebens für Autos begeistert, fuhr SCCA-Rennen und ist ein hervorragender Studiofotograf. Er wurde mit der Anfertigung von Fotos zahlloser unschätzbar wertvoller Kunstobjekte für Museen und Ausstellungskataloge betraut. Er hat ein mobiles Studio entwickelt, mit dem er atemberaubende Aufnahmen von getunten Autos macht. Harholdt lebt in West Palm Beach, Florida.

INHALT

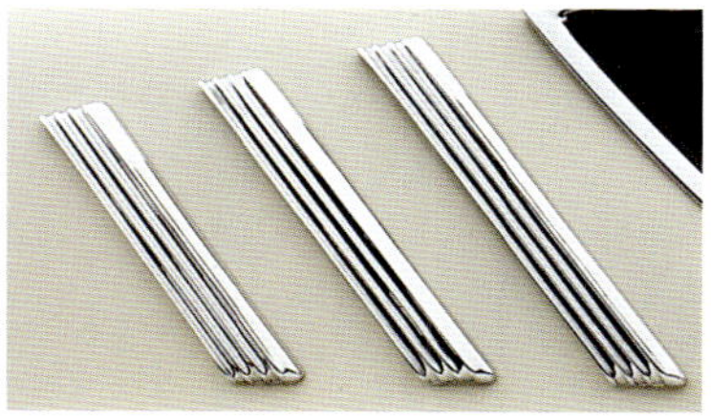

VORWORT

von Brock Yates

(Foto: Steve Rossin)

Was ist ein Muscle-Car? Sehr einfach: ein feuchter Traum auf Rädern. Es ist die Verkörperung der Hoffnungen und Träume eines jeden jugendlichen und erwachsenen Mannes. Es ist das Mittel, offene Rechnungen zu begleichen, sich einen Ruf zu schaffen und Außenseiter zu integrieren. Die Muscle-Cars passten exakt zu den Wunschvorstellungen – und zur Kaufkraft – der Babyboomer-Generation, und sie definierten unsere Kultur neu.

Nach Weltwirtschaftskrise und Zweitem Weltkrieg war das Land berauscht vom Gefühl der Freiheit, Geld war reichlich vorhanden und die Menschen süchtig nach Tempo. Die Hot-Rod-Ära neigte sich langsam dem Ende zu, und die National Hot Rod Association (NHRA) mit Wally Parks an der Spitze verwandelte Drag-Racing von einem Sport zu einer Unterhaltungsveranstaltung. Die US-Autoindustrie machte sich daran, eine Marktlücke zu schließen.

In den 1950er Jahren sind Autos nicht mehr nur bequeme Verkehrsmittel. Autos sind mit Bedeutung aufgeladen – den einen flößen sie Furcht ein, für die anderen sind sie das Symbol der Unabhängigkeit. Die US-Autos ändern sich ebenfalls: der Bigblock-V8 sorgt dafür. Mit der Hilfe von John DeLorean entfacht GM ein Feuerwerk der Inspiration und des Wettbewerbs, als der Pontiac GTO kommt.

An diese verhältnismäßig günstigen Bestien heranzukommen, war nicht sehr schwer. Sie ließen sich obendrein auf vielfältigste Weise aufmotzen, und sie generierten unter dem Motto „race 'em on sunday, sell 'em on Monday" – was soviel heißt wie „was sonntags gut rennt, verkauft sich am Montag doppelt so gut" – eine Generation von Fahrern, deren einziges, mir noch heute teures Prinzip lautete: „Es gibt nur die eine Regel: Es gibt keine Regeln!"

Die aufkeimende Rennszene in L.A. und auf der Woodward Avenue in Detroit veränderte alles. Die „Big Three" – Ford, General Motors und Chrysler – mussten sich mächtig ins Zeug legen, um den immer größeren Appetit der Kundschaft auf Muscle-Cars zu stillen. Bei *Car and Driver* hatten wir einen Logenplatz, und Detroit öffnete seine Türen weit und zeigte uns bereitwillig und völlig überraschend, was da Neues von den Bändern rollte.

Einer der brillantesten Werbetricks, die ich je erlebt habe, war das mit großem Tamtam inszenierte Rennen zwischen dem Pontiac

GTO und Ferrari. Die Wahrheit war, dass ein Pontiac vom Händler einen Ferrari nicht schlagen konnte, aber das war den Käufern ja nicht bekannt. Ohne dass Ferrari oder *Car and Driver* etwas davon mitbekamen, hatte Royal Pontiac, eine als normale Pontiac-Vertretung getarnte Rennwerkstatt, mit viel Zubehör einen Hochleistungs-GTO präpariert – der Rest ist Geschichte. Dank der heimlichen und enorm aufwändigen Frisieraktion schlug Pontiac Ferrari, und es begann die größte Mundpropaganda-Kampagne, die das Land je erlebt hat.

Immer mehr Muscle-Cars wurden verkauft, und als dann noch Bands wie die Beach Boys die Vorzüge des 409 lautstark priesen, schien ganz klar, dass es immer so weiter gehen würde – dachten wir zumindest. Es sollte dann ja nur ein Jahrzehnt vergehen, bis dieses rein US-amerikanische Phänomen sich einer Übermacht von Kräften ausgesetzt sah, die auch noch das letzte Bisschen in der Automobilbranche reglementierten. Das war das Ende der Muscle-Cars.

Anfang der 1970er Jahre liefen Ralph Nader und seine Witzbolde zu Höchstform auf. Den Autoherstellern wurden durch neue Bundesgesetze harte Bandagen angelegt. Als Antwort auf die restriktiven neuen Sicherheits-Gesetze wurde die Cannonball/Sea to Shining Sea/Memorial Trophy Dash ins Leben gerufen. Zu Ehren dieses Rennens erwarb ich die Liebe meines Lebens, einen weißen 1971er Dodge Challenger, den ich von dem legendären Stockcar-Rennfahrer Cotton Owens aufbauen ließ. Dieses Auto besitzt einen modifizierten 5,6-Liter-V8 und einen 200-Liter-Tank. Außerdem ist es mit Überrollbügel, Recaro-Sitzen, Spezialfederung und einer 2,76er-Hinterachse für Küste-zu-Küste-Fahrten mit hoher Geschwindigkeit ausgerüstet. Diese Schönheit steht noch immer in meiner Garage und ist das Prachtstück meiner kleinen, aber geliebten Autosammlung.

Die Würfel fielen im Jahre 1974. Das Luftreinhaltungsgesetz Clean Air Act, drakonische Versicherungsprämien, das Ölembargo der OPEC und die immer knapper werdenden Ölreserven ruinierten den Markt für Muscle-Cars in den USA. Der Pontiac GTO stand am Anfang dieser Entwicklung, der Pontiac Super Duty beendete sie.

Die Ära war vorüber, die Träume aber lebten weiter. Pontiac GTO, Chevrolet Chevelle und Camaro, Plymouth 'Cuda, Dodge Charger und Challenger sowie Ford Mustang lassen noch immer Herzen höher schlagen. Das kehlige Röhren der Hochleistungsmotoren beflügelt unvermindert die Fantasie. Beinahe 30 Jahre später gibt es moderne Versionen der alten Meisterstücke für eine neue Fahrergeneration. Doch die Welt ist längst nicht mehr, wie sie einmal war.

Diese Nachbauten der ursprünglichen Muscle-Cars sind schon ziemlich heiß. Doch sie wecken nicht die gleiche Leidenschaft wie einst. Sie sind schneller, eleganter und sicherer als ihre Vorgänger, aber sie sind auch teuer, und man kann nicht an ihnen herumbasteln. Computer machen es dem Laien unmöglich, sich unter der Motorhaube an der Technik zu versuchen. Zwar erleben Straßenrennen ein Comeback, doch diese Rennen werden von kleineren, leichteren Wagen bestritten, nicht von den Kolossen aus unserer Jugend. Die Redensart „es führt kein Weg zurück“ ist wohl wahr. Wir werden das Jahrzehnt der Muscle-Cars nicht wieder zurückholen können, aber, Mann, war das ein Ritt!

Teil 1

JAHRE DER UNSCHULD

Als John Zachary DeLorean seine Ingenieure mit der Konstruktion des ersten Muscle-Cars beauftragte – des Pontiac GTO –, hatte er dafür einen Grund. Kurz zuvor hatte der Mutterkonzern General Motors die Pontiac-Leute angewiesen, alle Rennsport-Aktivitäten einzustellen – Aktivitäten, die Pontiac eben erst von einer ums Überleben kämpfenden Marke zur Nummer Drei in den USA nach Chevrolet und Ford gemacht hatten.
Der GTO, bei dem es sich im Grunde um eine aufgemotzte Le-Mans-Mittelklassen-Limousine mit einem großen, schnellen Motor handelte, erwies sich als Initialzündung für den Einstieg der US-amerikanischen Kultur in eine Ära der Hochleistungsautos, wie es sie bis dahin noch nie gegeben hatte – und die sich auch nicht wiederholen wird.
Niemand wusste damals so ganz genau, was da eigentlich geschah. Es war auch nicht abzusehen, zu welchen Extremen sich das Phänomen Muscle-Car entwickeln sollte. Doch jedermann war sich klar, dass der GTO exakt das richtige Auto für die so genannten Babyboomer war, also für die Angehörigen der in den USA geburtenstarken Jahrgänge der 40er und 50er Jahre. Es war ein schlichtes Auto mit einem starken Motor, und 1964 waren die USA ein schlichtes Land (was sich ändern sollte) mit einem Netz von Fernstraßen, das dem, der sich auf die Socken machte, alles nur Erdenkliche versprach. Die faszinierenden neuen Muscle-Cars aus Detroit waren genau das Richtige, die jungen Träumer auf ihren Weg in die unbegrenzte Ferne zu bringen.

GTO

Kapitel 1

1964 PONTIAC GTO

Für alles gibt es ein erstes Mal. Manche sagen, mit den Muscle-Cars sei es schon in den 1950ern mit dem Chrysler 300 losgegangen oder gar noch früher: mit dem Oldsmobile Rocket 88. Mag sein, aber das erste Muscle-Car nach der klassischen Formel – also Mittelklasse-Auto plus fetter Motor – war der GTO von Pontiac. Der war nichts weiter als eine Le-Mans-Version des neuen Modells Tempest plus ein paar Sonderausstattungen plus eine Handvoll Embleme plus ein 389 cui respektive 6,4 Liter großer V8-Motor. Außerdem revolutionierte er den Markt der Hochleistungsfahrzeuge.

Der GTO erwies sich als außerordentlicher Erfolg nicht nur wegen seiner reifenmordenden Leistung, sondern auch dank des exzellenten Marketings unter Leitung des Werbeexperten und Drag-Racers Jim Wangers. Indem er seine Werbestrategie auf junge und im Herzen jung gebliebene Käufer richtete, machte Wangers den GTO praktisch über Nacht zur Ikone. Es half natürlich, dass dieses Auto – so wie es beim Händler stand – praktisch jedes andere mit Leichtigkeit zu schlagen vermochte.

In seiner wahrscheinlich mutigsten Marketingkampagne ließ Wangers den Pontiac GTO im Magazin *Car and Driver* zumindest auf dem Papier gegen den berühmten Ferrari GTO antreten. Da das Magazin nicht rasch genug einen Ferrari bekommen konnte, um ihn wie den Pontiac GTO testen zu können, erschien anstelle eines Fotos der beiden Kontrahenten auf dem Titelbild nur eine künstlerische Darstellung. Am Ende gab der Pontiac gegen den gepriesenen italienischen Sportwagen aber durchaus kein schlechtes Bild ab. Dies mag zum Teil der Tatsache geschuldet gewesen sein, dass Wangers heimlich den 389er-Motor gegen einen hochfrisierten 421er hatte austauschen lassen. Auf jeden Fall riss die schiere Kraft die Tester von *Car and Driver* glatt von den Füßen.

Der Pontiac GTO übertraf alle Erwartungen. Mancher mag sagen, insgesamt 32.450 verkaufte Wagen seien kein besonderer Erfolg – bei Pontiac aber hatten sie nicht im Traum daran geglaubt, dieser Zahl auch nur nahe zu kommen. Vor allem aber besaß der neue Pontiac enorme Strahlkraft. In nahezu jedem Magazin wurde das neue Modell ausführlich vorgestellt. In den Showrooms der Händler drängten sich die Menschen. Es dauerte nur einen Augenblick, bis die übrigen Hersteller in Detroit aufwachten und ganz genau hinsahen. Ihre Antworten auf den GTO lösten das größte PS-Rennen in der Geschichte des Automobilbaus aus. Und der GTO war der Erste.

Basismotor: 389 cui (6,4 Liter) V8, 325 PS, 580 Nm
Basispreis: US-$ 3377,91
Gewicht: 1418 kg
Produktionszahlen: 7384 Coupés; 18.422 Hardtops; 6644 Cabrios
Anzahl der Fahrzeuge mit Basismotor: 24.205

GA-IRON PLUS
G T O

GTO
64 GTO

PONTIAC
HURST
WATER
OIL

Kapitel 2

1965 CHEVROLET CHEVELLE Z16

Kaum war der Pontiac GTO 1964 eingeführt, schrien die Leute nach mehr von diesen Muscle-Cars, ganz gleich, wer sie baute. Das wollte sich Chevrolet nun partout nicht entgehen lassen. Das Mittelklassemodell Chevelle Malibu wurde mit der gleichen Konzernarchitektur wie der GTO der anderen GM-Tochter Pontiac gebaut. Mit dem stabilen Cabrio-Fahrgestell unter der geschlossenen Karosserie, Stabilisatoren vorn und hinten plus verstärkter Vorderradaufhängung schufen die Chevy-Ingenieure die ideale Basis für den 396 cui respektive 6,5 Liter großen V8 Mark IV. Den 375 PS starken Bigblock RPO L78 gab es nur mit Muncie-Vierganggetriebe – das Drehmoment von 570 Nm hätte Chevrolets antiquierte Zweigang-Automatik Powerglide schlicht zermalmt. Die Kraftübertragung erfolgte über eine riesige 11-Zoll-Kupplung. Die technischen Daten entsprachen weitgehend denen des Corvette-Motors, dessen Leistung mit 431 PS angegeben wurde. Das hatte allerdings mehr mit der Unternehmenspolitik als mit technischen Unterschieden der Motoren zu tun.

Das äußere Erscheinungsbild verriet so gut wie nichts über das, was da unter der Motorhaube lauerte. Ein einzelnes „Malibu SS 396“-Emblem auf dem Heckspiegel und gekreuzte Flaggen mit der Hubraumangabe auf den vorderen Kotflügeln blieben die einzigen Hinweise, dass es sich hier um einen veritablen Dragster mit Nummernschildern handelte. Das Innere entsprach dem des Standard-Malibu: ein komfortabler Mix aus Zeitgeschmack und Geräumigkeit. Immerhin reichte die Tacho-Skala bis zu atemberaubenden 160 Meilen die Stunde, das wären etwa 260 Stundenkilometer. Nun erwartete niemand vom Z16, dass er dieses Tempo erreichen könnte, doch für die Viertelmeile benötigte er in der Tat weniger als 14 Sekunden. Das ist besonders beeindruckend, bedenkt man das Haftvermögen der damaligen Diagonalreifen.

Chevrolet machte für den Z16 nicht eigens Reklame. Der Wagen war lediglich als schnelle Antwort auf den GTO gedacht, und

die Marketingleute von GM waren ohnedies darauf bedacht, die Meute dieser neuen „gesetzlosen Muscle-Cars“ nicht allzu groß werden zu lassen. Obendrein ließ sich der Z16 nicht kostendeckend bauen. Also limitierte Chevy die Produktion. Lediglich 201 Fahrzeug wurden hergestellt, einschließlich des hier vorgestellten Exemplars in Crocus Yellow (Krokusgelb) mit schwarzen Dach. Mit dieser Farbkombination liefen lediglich zehn Z16 vom Band. Zwei weitere Farben waren im Angebot: Tuxedo Black und Regal Red. Der Z16 wurde bereits im nächsten Modelljahr 1966 durch den Chevelle SS 396 ersetzt.

Basismotor: 396 cui (6,5 Liter) V8, 375 PS, 570 Nm
Basispreis: US-$ 4091
Aufpreis für den Z16: US-$ 1501,05
Gewicht: 1630 kg
Produktionszahlen: 200 Coupés; 1 Cabrio

exit underneath each rear fender, complete the job. These emit an authoritative sound, but you wouldn't say they're noisy.

A large, thick radiator and a staggered, five-bladed fan with thermo-modulated cutout take care of the increased cooling chores imposed by the big "396."

An 11-inch, centrifugally assisted diaphragm-type clutch with 2300-2600 pounds' plate pressure carries the torque and power to the Chevy four-speed manual transmission. This box uses the 2.56 low (instead of 2.20), with the other ratios being 1.91, 1.48, 1.00, plus 2.64 reverse. A single-piece, 3.25-inch-diameter propeller shaft connects the transmission and the heavy-duty rear end. This uses a large, 8.88-inch-diameter ring gear and a *non*-limited-slip differential. Standard ratio is 3.31—the only one listed at present.

In designing the rear suspension, Chevy engineers made a massive as-

Chevelle Malibu Super Sport Convertible

CHEVELLE by Chevrolet has a few surprises for you

Like the ride, performance, comfort, quietness, styling, luxury, handling, practicality, economy of operation, ease of maintenance, versatility, response, roominess, luggage capacity, finish, longevity, size, and spirit.

Surprise! It's an intermediate-size car, but there's nothing intermediate about Chevelle's performance.

In fact, there are a total of 21 power teams, to give you precisely the grade of performance you want most. And the neat size of Chevelle just insures you the agility to go with the performance.

Surprise again: revise your notions about the roominess and comfort of an intermediate-size car. Once you discover the easy grace of the new Chevelle ride—refined even more this year—you'll realize that Chevelle offers all the traditional Chevrolet values in a surprisingly handy size and sharp new personality.

We could go on and on, but you'll get the Chevelle idea best when you discover how much space you don't need to park it and how much money you don't have to spend to buy and operate it. And how many custom touches you can add to make your own Chevelle very special — anything and everything from an AM-FM Stereo radio to a tissue dispenser.

The other surprises you'll just have to see for yourself. Chevelle simply has more of everything than anything else in its class. Surprise yourself: try one! . . . Chevrolet Division of General Motors, Detroit, Michigan.

CHEVROLET

CHEVROLET
RICK'S
USA-1
MOTORCARS

375-hp "396" puts Chevelle at the top of the list of hot ones

Almighty Malibu!

by John Ethridge, *Technical Editor*

(RIGHT) *Charging off line with both rear tires smoking got lowest times. New suspension makes this possible without limited-slip differential or locked rear end.*

WHEN CHEVROLET Motor Division makes up its mind to do something, it never goes *half*way. As you'll see, an excellent case in point is the Chevelle Malibu Super Sport with RPO Z16 (we'll call it the Chevelle "396" to get the message across in the fewest words).

While awaiting its new engine, Chevrolet had a chance to watch other divisions' and competitors' hot performance cars. All were doing well, and some were selling like skateboards, so Chevy decided to come out with one of their own. Not merely an engine swap, the Chevelle "396" was re-engineered from the ground up to take Chevy's hot new engine. The wait evidently paid off, because the Chevelle "396" is without a doubt the hottest and finest car of its type ever made.

The engine chosen, the 375-hp "396," is very much like the 425-hp version. In fact, their only real difference is in the cam and valve gear. The 425-hp engine uses solid lifters, while the 375-hp job comes with hydraulic lifters. So far, this engine's available only as part of the RPO Z16 package for the Malibu SS. This engine has all the goodies the more powerful one has: impact-extruded pistons, molybdenum-coated rings, special-alloy con rods, and four-bolt main caps.

Specially designed for high revs, the hydraulic valve gear on our test car permitted as many as 6000 rpm without complaint. We didn't try taking it beyond this, because we felt there was no need. This is well beyond where most hydraulic setups will cry "calf rope." Valve timing for this cam is: Intake opens 56 degrees BTC and closes 106 degrees ABC for 342 degrees duration. Exhaust opens 110 degrees BBC, closes 66 degrees ATC for 356 degrees duration. Valve overlap is 122 degrees, with intake lift .461 and exhaust .500 inch. Single valve springs with internal dampers close the valves.

A big Holley 4150 carb with 1.69-inch barrels squats on the intake manifold. A large, oil-wetted, paper-element air cleaner with two intake pipes to it off.

There's a dual exhaust system to rid of the burned gases. The exhaust manifolds lead into huge, 2.50-inch laminated pipes. Twin reverse-flow mufflers and 2.25-inch-diameter tailpipes, wh

CHEVROLET
RICK'S
USA-1
MOTORCARS

Malibu SS

396
TURBO-JET
375 HP

SS

Kapitel 3

1965 PONTIAC GTO

Im zweiten Jahr steckte Pontiac den GTO in ein neues Blechkleid. Der Radstand blieb mit drei Metern gleich, in der Länge wuchs der GTO um 7,6 Zentimeter. Vertikal übereinander angeordnete Frontscheinwerfer und ein wagenbreiter Grill verliehen dem GTO ein kräftiges, muskulöses Aussehen. Unter der riesigen Motorhaube lauerte ein 389 cui oder 6,4 Liter großer V8, der in zwei Leistungsklassen angeboten wurde. Es gab eine 340-PS-Ausführung mit einem einzelnen Vierfach-Vergaser und optional die Tri-Power-Version mit 365 Pferden unter der Haube. Beide Motoren boten Leistung satt: Schon der Basismotor beschleunigte den GTO in ganzen 7,2 Sekunden auf 60 Meilen pro Stunde, also knapp 100 Stundenkilometer. Auf der Viertelmeile spurtete er in 16 Sekunden auf 89 Meilen (143 Stundenkilometer).

Als der GTO 1964 debütierte, stand er etwa Mitte des Jahres bei den Händlern. Das war genau zwischen zwei Modellwechseln, und das schränkte die Verkaufszahlen etwas ein. Mit dem 65er Jahrgang aber war Pontiac darauf vorbereitet, den Wagen gleich in großen Stückzahlen abzusetzen. Eine riesige Werbekampagne rollte an. Dazu gehörten unter anderem Singles, auf denen potenzielle GTO-Käufer sich anhören konnten, wie ihr künftiges Lieblingsauto durch die Gänge gejagt wurde. Eine Cabrio-Version diente werbewirksam als Pace-Car beim 1965er NASCAR-Rennen Motor Trend 500 in Riverside.

Nicht jedem Muscle-Car war ein behütetes Dasein beschert. Der Erstbesitzer unseres Fotomodells etwa rüstete seinen GTO umgehend zum Rennwagen um. Seine besten Jahre verbrachte der Pontiac auf diversen Drag-Strips, wo er gnadenlos am Limit bewegt wurde. So blieb zwar der Kilometerstand niedrig, aber jeder Klick des Zählers war hart erkämpft. Schließlich wurde der GTO aus der vordersten Linie abgezogen und wieder zu einem Straßenfahrzeug umgerüstet. Dabei erhielt er auch eine neue weiße Innenausstattung.

Basismotor: 389 cui (6,4 Liter) V8, 335 PS, 584 Nm
Basispreis: US-$ 2855
Preis des GTO-Pakets: US-$ 295,90
Gewicht: 1578 kg
Produktionszahlen: 8319 Coupés; 55.722 Hardtops; 11.311 Cabrios

GT
EAGLE GT II
GOODYEAR

GTO
GOODYEAR
EAGLE GT II

Kapitel 4

1966 CHEVROLET CHEVELLE SS 396

Der Chevelle debütierte 1966 mit neuer Linienführung und frischerem Äußeren. Seine üppigen Formen verdankte er der neuen 66er Karosserie. Ganz gleich, ob der Fahrer eher der Cruiser war oder der halbstarke Krawallbruder – der Bigblock machte es allen recht. Für den 1966er-Jahrgang gab Chevrolet den Autos mit der sogenannten A-Karosserieplattform (A-Body) ein aggressiveres Äußeres mit nach vorn geneigtem Grill und mächtigeren C-Säulen. Das SS-Modell war nun nicht mehr ein Standard-Chevelle mit speziellem Ausstattungspaket, sondern eine eigenständige Variante innerhalb der Chevelle-Linie. Bei Chevy nahm man das Thema Motorleistung jetzt sehr ernst: Leistung – echt oder gefühlt – verkaufte sich neuerdings gut.

Zwei – funktionslose – Luftschlitze zierten die mittlere Sicke der breiten Motorhaube des Chevelle SS 396, unter der Haube war jedoch alles echt. Bigblock-Power, und zwar reichlich, versetzte jeden Fahrer mit ausreichend schwerem Fuß in die Lage, einen Satz Hinterreifen binnen kürzester Zeit in Gummikrümel und Qualm zu verwandeln. Es gab drei Varianten des 396er-Motors. Jeder konnte also so viel Leistung kaufen wie er mochte – oder es sich leisten konnte. Das Kraftwerk der Standardausführung des SS 396 – RPO L35 – entwickelte 325 PS sowie ein Drehmoment von 556 Nm. Die nächste Leistungsstufe war der RPO L34 mit geschmiedeter Kurbelwelle, Hauptlagerdeckeln mit je vier Schrauben und scharfer Nockenwelle, der 360 PS sowie ein Drehmoment von 570 Nm auf die Welle stemmte. Spitzenmotor war der RPO L78 mit erhöhter Verdichtung, massiven Tassenstößeln und noch mehr Leistung: 375 PS und 563 Nm Drehmoment. Mit diesem Motor beschleunigte ein Chevelle in nur 6,5 Sekunden auf 60 Meilen/h und war so der Saturdy-Night-König bei den Ampelrennen. Machen wir uns nichts vor: Der Chevelle SS wurde dazu gebaut, sehr schnell auf der Geraden zu sein – und für nichts sonst.

Basismotor: 396 cui (6,5 Liter), 325 PS, 556 Nm
Basispreis: US-$ 2276
Gewicht: 1530 kg
Produktionszahl: 72.272 (Hardtops und Cabrios zusammen)

396
TURBO-JET

BFGoodrich
Radial T/A

Super Sport
Radial T/A
BFGoodrich

Kapitel 5

1966 OLDSMOBILE 4-4-2 CONVERTIBLE

Nicht jeder Muscle-Car-Fan wollte sich mit dem Allernötigsten an Ausstattung zufriedengeben. Wer alles wollte, also sowohl Pulsrasen-auslösende Beschleunigung und akzeptables Handling als auch ein bisschen Luxus, hatte unter den Muscle-Cars nur sehr begrenzte Auswahl. Der am feinsten herausgeputzte Kraftprotz war zweifellos der Oldsmobile 4-4-2.
Oldsmobile bot den 4-4-2 in fünf unterschiedlichen Karosserieformen an: Cutlass Sport Coupe, Cutlass Holiday Coupe, Club Coupe, Deluxe Holiday Coupe und Cutlass Convertible. Die Reihe 4-4-2 startete im Modelljahr 1964 als zivile Version des B09 Police Apprehender. Es dauerte nicht lang, da hatte die Kundschaft den 4-4-2 als willkommenen Neuzugang zur Familie der Muscle-Cars akzeptiert.
Obwohl es Muscle-Cars mit mehr Hubraum und mehr PS gab, brauchte sich der 4-4-2 nicht zu verstecken. Mit seinem 6,5-Liter-V8 kam die Basisversion auf eine Leistung von 350 PS. Während des ersten Modelljahrs brachte Oldsmobile den RPO L69 mit Tri-Power-Ansaugsystem auf den Markt. Er leistete 360 Pferdestärken. Die Tester des Magazins *Car Life* scheuchten einen 4-4-2 binnen 6,3 Sekunden auf 60 Meilen pro Stunde. Auf der magischen Viertelmeile fuhren sie eine 15,2er-Zeit und beschleunigten auf 96,6 Meilen pro Stunde. Das sind satte 155 Stundenkilometer – beachtlich für ein voll ausgestattetes Fahrzeug mit Diagonalreifen.

Das Cabrio ist die seltenste Version des 4-4-2. Es verströmte einen Hauch von Raffinesse, wie man sie bis dato an Muscle-Cars nicht gesehen hatte. Im Vergleich mit der Konkurrenz war das Cabrio ein „Express für Gentlemen“ unter lauter Halbstarken.

Basismotor: 440 cui (6,5 Liter), 350 PS, 597 Nm
Das Fotomodell leistet 360 PS und 597 Nm
Basispreis: US-$ 2965
Gewicht: 1646 kg
Produktionszahl: 2129 (L69)
Cabrios mit dem 360-PS-Motor: 240

OLDSMOBILE
442

393664

Kapitel 6

1967 DODGE CHARGER HEMI

Als der Charger 1966 auf den Markt kam, war er als Konkurrenz zum Mittelklasseangebot von General Motors gedacht. Im Grunde handelte es sich beim Charger um einen Dodge Coronet mit einer Fastback-Karosserie, wie sie damals gerade schwer in Mode war. Es gab ihn mit vielen Motoren, unter denen der legendäre 426 Hemi das Spitzenmodell war. Auch im zweiten Jahr behielt der Charger den verkappten Rennwagen-Motor, mit dem sich beim Ampelrennen praktisch jeder Gegner demütigen ließ. Dieser Charger, der erste 67er mit einem Hemi, war ein Cruiser. Mit seiner gehobenen Ausstattung setzte er sich deutlich von den Mopar-Muscle-Cars ab, die in den Jahren darauf von den Bändern laufen sollten.

Über den 426er-Hemi ist viel geschrieben worden. Er wurde als ölvernichtender, rauer und launischer Motor verschrien. Dabei benötigt ein gut gewarteter Hemi nicht mehr Behandlung als jeder andere Hochleistungsmotor. Im unteren Drehzahlbereich verrußen zwar die Zündkerzen schnell. Das ist aber nichts, was sich nicht durch beherzte Tritte aufs Gaspedal kurieren ließe. Mit sauberen Elektroden taugt der Hemi dann für 14,4 Sekunden und 160 Stundenkilometer auf der Viertelmeile.

Der Hemi kostete den stolzen Aufpreis von 877,55 Dollar. Leistung satt für viel Geld – und die Straßenlage blieb trotzdem zumindest verbesserungswürdig. Aber schließlich kaufte man den Hemi nicht für Slalomrennen. Als Kraftwerk aus dem Rennsport war der 426er-Hemi eher etwas für den oberen Drehzahlbereich. Schwächere Mopar-Motoren, etwa der 440er, mochten in der Lage sein, dem Hemi am Start die Rücklichter zu zeigen. Aber sobald das Tempo anzog, spielte der Hemi sein Hochgeschwindigkeits-Potenzial aus, und bei höheren Drehzahlen hämmerte er nur so die Straße hinunter. Der Sound eines Hemi bei Vollgas macht Gänsehaut – und genau das ist das Besondere an diesem Auto. Leider nicht attraktiv genug für die Kundschaft: 1967 erhielten nur 118 Charger den Hemi-Motor – was sie schon ab Werk zu veritablen Raritäten machte.

Basismotor: 318 cui (5,2 Liter) V8, 230 PS, 460 Nm
Motorvarianten: 383 cui (6,3 Liter) V8, 326 PS, 542 Nm;
440 cui (6,1 Liter) V8, 375 PS, 651 Nm;
426 cui (7 Liter) Hemi-V8, 425 PS, 665 Nm
Basispreis: US-$ 3128
Aufpreis für Hemi-Motor: US-$ 877,55
Gewicht: 1588 kg
Produktionszahl: 15.788
Mit Hemi: 118

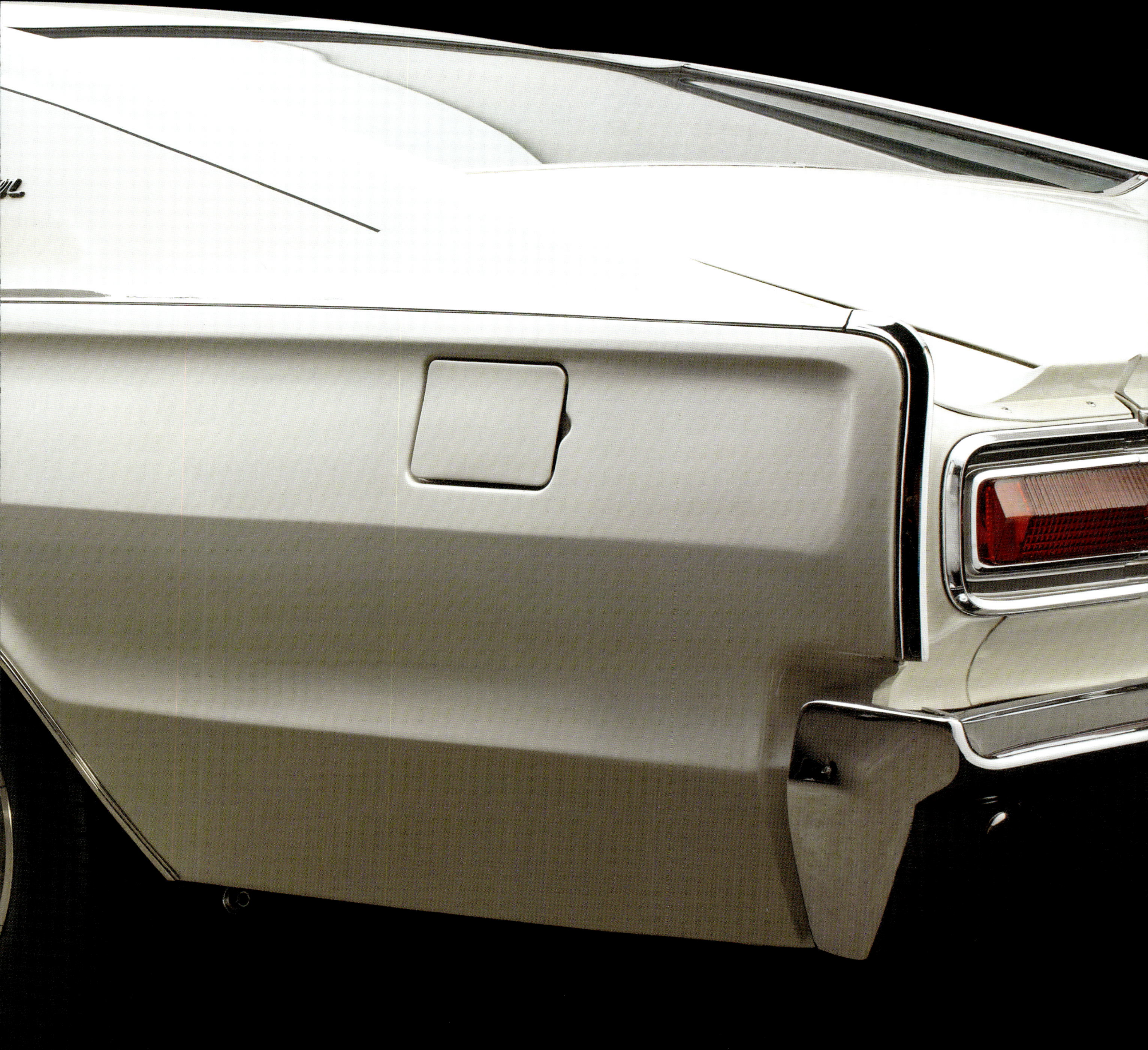

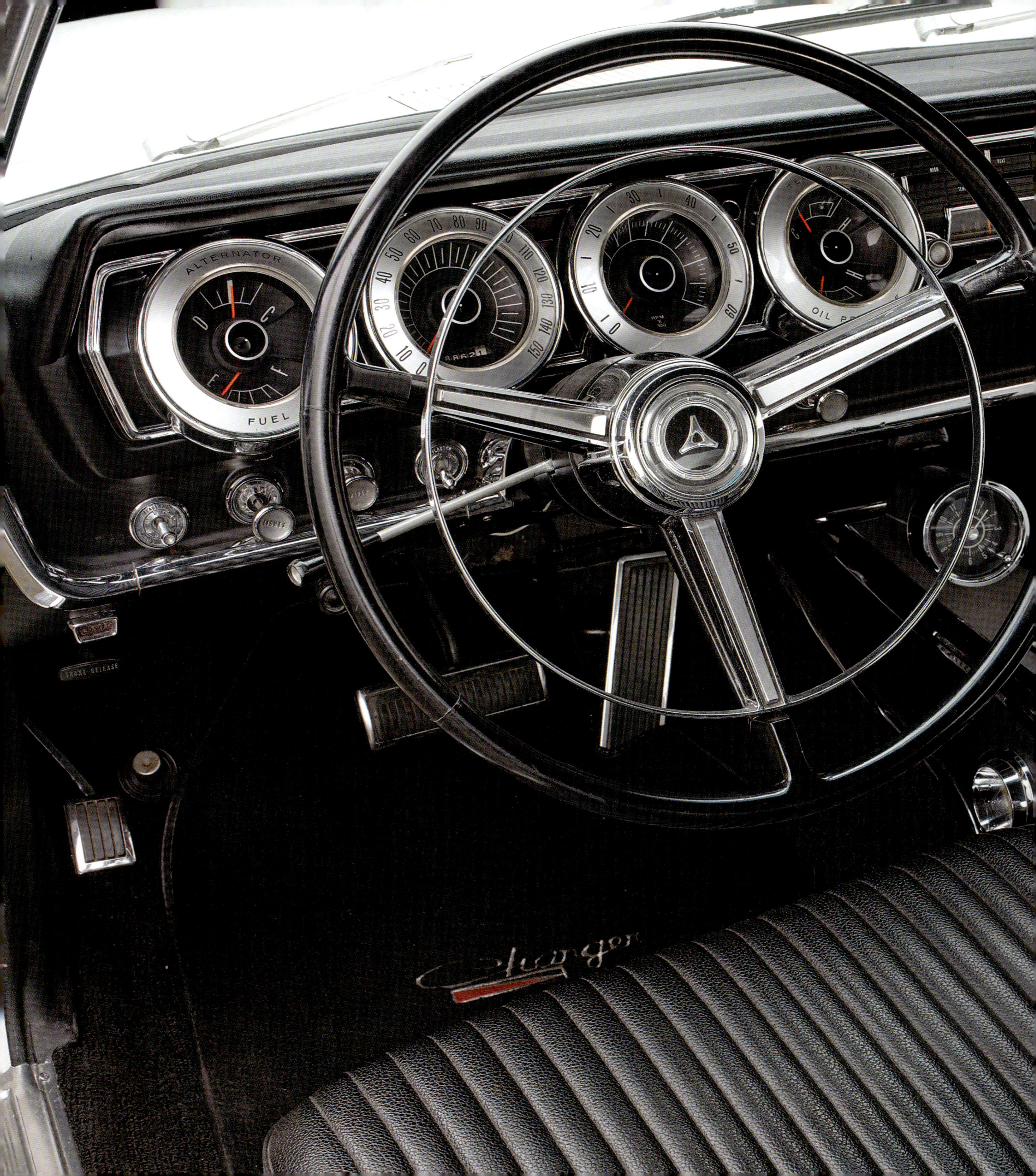

ALTERNATOR
FUEL
RPM X 100
LIGHTS
BRAKE RELEASE
Charger

Kapitel 7

1967 PONTIAC GTO CONVERTIBLE

Gegen Ende der 1960er Jahre brachte Pontiac eine verbesserte Version des populären GTO auf den Markt. Die meisten Menschen bemerkten am 1967er-Jahrgang nur kleinere Änderungen an der Karosserie und im Inneraum. Unter der Motorhaube aber hatte sich Gewaltiges getan. Nach einer Vorgabe der Unternehmensführung von GM hatte der Wagen kein Tri-Power-Ansaugsystem mehr. Zum Ausgleich wurde der Hubraum von 389 cui (6,4 Liter) auf runde 400 (6,55 Liter) aufgebohrt.
Pontiac hatte entschieden, dass die teure Tri-Power-Variante mit drei Vergasern, wiewohl eine veritable Augenweide, ein zu teurer Weg zu vielen Pferdestärken war. Es war billiger und leichter, den Hubraum zu vergrößern und auf diese Weise zusätzliche Leistung zu erhalten. Den 400-cui-V8 gab es in vier Versionen. Einige Käufer mochten sich zwar für die „Economy"-Variante erwärmen, die allermeisten aber griffen gleich zur 335-PS-Maschine, die mit ihrem Drehmoment von 598 Nm jede Achse zum Ächzen brachte.
Eine Handvoll GTO erfuhr bei den Spitzenleuten von Royal Pontiac in Royal Oak, Michigan, eine Sonderbehandlung. Bei dieser legendären Pontiac-Vertretung gab es ein Leistungspaket für den GTO mit dünneren Kopfdichtungen, überarbeiteten Verteilern, Zündkerzen mit höherem Wärmewert, größeren Vergaser-Düsen und vielen weiteren Verbesserungen. Das Ergebnis war der „Royal Bobcat", ein trotz seiner atemberaubenden Leistung immer noch zulassungsfähiges Fahrzeug. Äußerlich wies kaum etwas auf das Tuning hin, was das Überholen ahnungsloser Autofahrer umso schöner machte.
Ein echter Hingucker waren die optional erhältlichen geschmiedeten Alu-Felgen von Hurst. Die Firma genoss einen Ruf als Hersteller praktisch unzerstörbarer Produkte, und die Felgen machten da keine Ausnahme. Das einzige Problem war der Preis: 69,50 Dollar pro Rad waren 1967 viel Geld. Jedenfalls sehen die Dinger umwerfend aus, vor allem am Cabrio.

Basismotor: 400 cui (6,55 Liter), 335 PS, 598 Nm
Basispreis: US-$ 3165
Gewicht: 1595 kg
Produktionszahl: 9517

GTO
GR-RRR!

RAM AIR

GTO

Kapitel 8

1968 CHEVROLET CHEVELLE SS 396

Wo „Super Sport“ draufsteht, sollte auch ordentlich etwas drinstecken – darauf legten sie bei Chevrolet stets großen Wert. 1968 erhielt der beliebte Chevelle eine neue Karosserie, und die elegante gestreckte Form eignete sich ganz hervorragend für eine SS-Ausführung. Mit dem Mark-IV-Bigblock unter der Haube war der Chevelle an jeder Ampel ein gefährlicher Gegner. Den 396er gab es in drei Leistungsstufen von 325 bis 375 PS.

Es gibt aber immer jemanden, der noch mehr will, vor allem, wenn es um Pferdestärken geht. Chevrolet hatte Aluminium-Zylinderköpfe entwickelt, die, auf den RPO L78 396 geschraubt, die Vorderachslast um rund 90 Kilogramm verringerten. In limitierter Stückzahl wurden die Köpfe ab Dezember 1967 als L89 verkauft. Im Betrieb erwiesen sie sich als launisch, neigten zum Knallen und Spucken – so lange, bis das Aluminium auf Temperatur war, sich ausdehnte und setzte und somit die Brennräume endlich abgedichtet waren. Dann liefen sie gut. Mit starren Ventilstößeln, einer Verdichtung von 11,0:1 und einem enormen Holley-Vergaser brachten sie es wohl auf mehr als die offiziell angegebenen 375 PS. Vermutlich ist das hier gezeigte Exemplar der letzte 1968er Chevelle SS 396 mit RPO L89.

Als Super-Sport-Modell hat dieser Chevelle praktisch das volle Zubehörprogramm an Bord: Dazu zählen die zweiflutige Auspuffanlage und das verstärkte Fahrwerk ebenso wie die Embleme und Streifen. Wer neben einem Chevelle steht und etwas von Autos versteht, sollte die Ohren spitzen und auf das unverwechselbare „Tappety-tappety“ lauschen. Hört er die Stößel arbeiten, sollte er sich noch einmal gründlich überlegen, ob er sich wirklich mit dem potenten Chevrolet anlegen möchte.

Wenn der große Holley erst einmal sein Maul weit aufgesperrt hat und der Motor willig und schnell hochdreht, beschleunigt ein L89-Chevelle binnen 6,5 Sekunden auf 60 Meilen pro Stunde. Auf der Viertelmeile bedeutet das eine Zeit von 14,4 Sekunden und eine Endgeschwindigkeit von 160 Stundenkilometern. Und wir fragen uns noch, weshalb die Versicherungen begannen, Verdacht zu schöpfen?

Basismotor: 396 cui (6,5 Liter), 325 PS, 556 Nm
Dieser Wagen leistet 375 PS, 563 Nm
Basispreis: US-$ 2899
Gewicht: 1576 kg
Produktionszahl: 62.785 (alle Varianten)

396
TURBO-JET
375 HP

Firestone
WIDE OVAL

Firestone
WIDE OVAL

Kapitel 9

1968 FORD SHELBY GT500KR CONVERTIBLE

Wenn es darum geht, Autos coole Namen zu verpassen, dann gebührt ohne Zweifel Carroll Shelby der Titel des Meisters aller Klassen. Der Texaner hatte stets ein Händchen für klang- und kraftvolle Bezeichnungen für seine potenten Autos, von der legendären Cobra bis zum GT500KR – K und R für „King of the Road". Der König der Straße hat sich seinen Namen auf jeden Fall verdient.

1968 baute Shelby streng genommen keine gerade noch zulassungsfähigen Rennwagen mehr. Die Shelby-Mustangs wurden bei Ford gebaut und nur noch auf Shelby umetikettiert. Wobei der Input natürlich schon von Shelby American stammte. Beim GT500KR mit seinem sieben Liter großen V8 namens Cobra Jet handelt es sich eigentlich eher um einen sehr schnellen Gran Turismo. Er hat nicht mehr sehr viel gemein mit den wendigen Mustang-Rennern von 1965, die Shelbys Namen trugen. Ford brachte den heißen Cobra mit Bigblock erst gegen Ende des Modelljahrs auf den Markt. Als Shelby davon hörte, dass Chevrolet eine Variante des Bigblock-Camaro „King of the Road" nennen wollte, kam er Chevy mit der Bezeichnung GT500KR zuvor.

Um 1968 begannen sich die Versicherungsgesellschaften für die Muscle-Cars zu interessieren. Das Protzen mit großen Zahlen in Werbebroschüren wurde langsam gefährlich, und so behaupteten Ford und Shelby, der bullige Cobra-Jet leiste 335 PS. Klar, das tat er auch, dann hatte der Fahrer aber das Gaspedal noch nicht ganz durchgetreten. Die Drehmomentangabe von 597 Nm kam der Realität dagegen schon näher. Die Lufthutzen in der Motorhaube waren übrigens keine Show; sie versorgten die Luftfilter direkt mit Frischluft.

Da es sich hier um einen Shelby handelt, hatte man sich natürlich auch des Fahrwerks angenommen. Ford baute vorn und hinten Hochleistungs-Stoßdämpfer ein. Bei Fahrzeugen mit Handschaltgetriebe waren die hinteren Stoßdämpfer versetzt eingebaut, um das Trampeln der Achse bei starker Beschleunigung zu verhindern. Nicht zuletzt dank des Texas-Size-Drehmoments des Cobra-Jet war der GT500KR wirklich ein „King of the Road".

Basismotor: 428 cui (7 Liter), 335 PS, 597 Nm
Basispreis: US-$ 4594,09
Gewicht: 1452 kg
Produktionszahlen: 1053 Fastbacks, 517 Cabrios

SHELBY

GOODYEAR

GOODYEAR

Teil 2

DIE EXZESSIVEN JAHRE

Ende der 1960er Jahre prägten Exzesse die US-Kultur – exzessiver Drogenkonsum, exzessiver Sex, exzessiver Rock'n'Roll-Lebensstil. Auch die Autoindustrie blieb von Extremen nicht ausgenommen. Die exzessiven Muscle-Cars, die Detroit in jener Epoche baute, verkörperten den Hedonismus ebenso wie Woodstock und der Summer of Love. Exzessiv oder nicht, die Muscle-Cars der ausgehenden 1960er und der frühen 1970er Jahre sind spektakuläre Kreationen, Ausdruck von Optimismus, Kraft und Träumen einer Kultur, die keine Grenzen kannte. Ebenso wie wir keinen Jimi Hendrix und keinen Muhammad Ali mehr erleben werden, wird es nie wieder so etwas geben wie Chryslers geflügelte NASCAR-Renner mit Straßenzulassung, keinen Dodge Daytona Charger und keinen Plymouth Superbird. Ebenso vorüber sind die Tage von brutalster Motorgewalt wie der eines Hemi-Cuda, eines LS6-Chevelle, eines Super Cobra Jet Mustang und eines Buick GSX.
Es mag zwar immer noch Autos geben, die es rein von der Leistung her mit diesen Ikonen aufnehmen können – so pur und ungeschliffen aber werden sie nie wieder sein. Vielleicht hat das aber auch seine guten Seiten. Die Exzesse jener Zeit forderten unter den Babyboomern ihren Tribut. Ungezügelter Drogenkonsum ließ manchen an einer Überdosis sterben, ungezügelter Sex förderte die Übertragung von Geschlechtskrankheiten und viel zu viele unerfahrene Fahrer kamen in übermotorisierten Muscle-Cars mit elender Straßenlage zu Tode. Doch beim Versuch, unsere Kultur – unser Leben wie unsere Autos – keimfrei zu machen, haben wir die Fähigkeit verloren, uns wirklich lebendig zu fühlen. Dieses Gefühl lässt sich nicht wieder einfangen – höchstens für einen kurzen Moment, etwa bei einer Spritztour in einem mächtigen Muscle-Car.

Kapitel 10

1969 CHEVROLET CAMARO COPO #9561 427/425

Seit General Motors die so genannte F-Plattform (Chevrolet Camaro und Pontiac Firebird) eingeführt hatte, baute Don Yenko, Chevrolet-Händler aus Pennsylvania mit Angeboten für Leistungshungrige, Bigblocks in Camaros ein. Die Transplantation erwies sich als ziemlich erfolgreich, allerdings machten der Aus- des einen und der Einbau des anderen Motors eine Menge Arbeit. Obendrein blieb das Problem: Wohin mit der alten Maschine? Im Juni 1968 bekniete Yenko, der beste Beziehungen zum Werk hatte, die Verantwortlichen bei Chevrolet, sie möchten doch bitte den wilden 427er gleich in die Camaros einbauen. Chevrolet stimmte zu, und schon bald bestellten kundige Händler über das Central Office Production Order System (COPO) Camaros anstatt mit dem kerngesunden 396er mit dem durchtrainierten Siebenliter. Etwas mehr als 1000 Camaros wurden mit dem COPO-Paket ausgestattet. Es gab drei Varianten: Unter Nummer 9560 erhielt der Käufer den berühmten Rennmotor ZL-1 427 mit Aluminiumblock, Nummer 9737 stand für die Yenko-Sportversion unter anderem mit 140-Meilen-Tacho und 1-Zoll-Stabilisator. Unser Fotomodell hat Ausstattungspaket Nummer 9561. Es entspricht dem Paket 9560, allerdings hat der Siebenliter einen Graugussblock und keine Transistorzündung. Bei gleicher Leistung bringt er lediglich etwas mehr Gewicht auf die Vorderachse. Es gab Viergang-Schalt- und Dreigang-Automatikgetriebe, und beide versorgten die hilflosen Hinterräder mit massenhaft überschüssigem Drehmoment. Von außen war diesen speziell aufgepeppten Autos zunächst nichts Besonderes anzusehen. Eigentlich sah so ein Camaro ziemlich nackt aus: Hundenapf-Radkappen, sparsam verteilte Embleme. Lediglich die Motorhaube mit Hutze und der Heckspoiler verrieten etwas von der wahren Natur des Wagens. Wer an der Ampel neben einem Camaro mit COPO-Nr. 9561 hält, bemerkt vielleicht den holpernden Leerlauf des großvolumigen Motors und vermeint jede einzelne Zündung zu hören. Wenn dann aber der große Holley-Vergaser seinen Schlund öffnet, geht das Gebrabbel in ein gewaltiges Knurren und Röhren über, und der Camaro schnellt nach vorn und auf in Richtung Horizont.

Basismotor: 427 cui (7 Liter), 425 PS, 610 Nm
Basispreis: US-$ 2727
Preis des COPO-Pakets 9561: US-$ 489,75
Gewicht: 1383 kg
Produktionszahl: 1015

RICK'S
USA-1
MOTORCARS

Camaro
GOODYEAR
POLYGLAS

POLYGLAS
GOODYEAR

BTR
DANGER/POISON

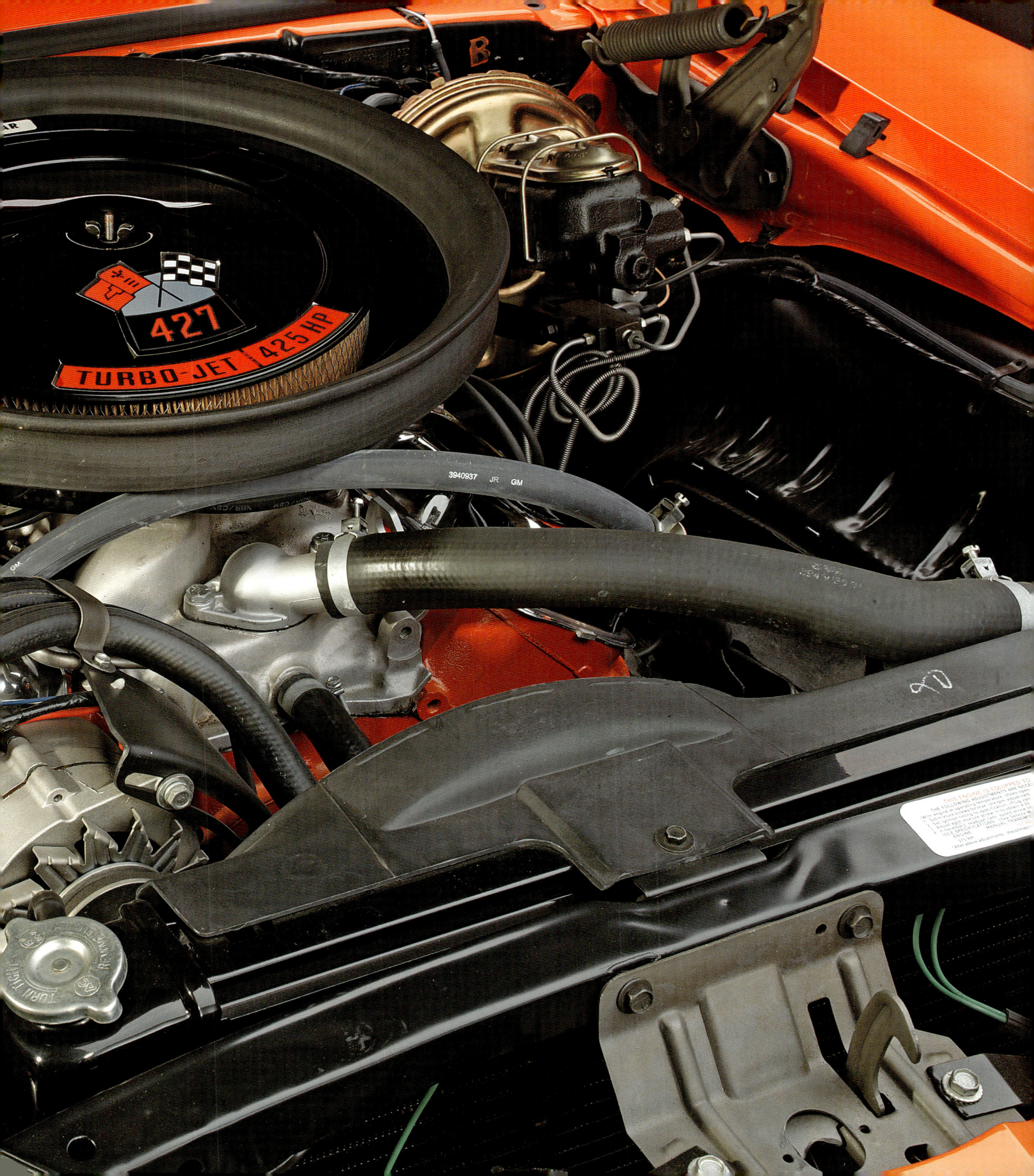
427
TURBO-JET
425 HP
3940937 JR GM

Kapitel 11

1969 CHEVROLET CAMARO SS 396

Wenn im Jahr 1969 ein echter Autonarr eine Chevrolet-Vertretung besuchte, war es nicht unwahrscheinlich, dass er mit einem Camaro SS 396 wieder vom Platz rollte. Der Bigblock-Camaro war ein echtes Hochleistungsangebot, es gab ihn beim Chevy-Händler an der Ecke und er wurde in respektablen Stückzahlen gebaut. Der 6,5 Liter große V8 namens L78 lieferte Drehmoment bis zum Abwinken und machte den SS 396 mit seinen laut Hersteller 375 PS zu einer bodengestützten Rakete für jedermann – für die es obendrein eine Werksgarantie gab.

Auf der Jagd nach immer mehr Pferdestärken für die dankbare Kundschaft ging Chevrolet den gleichen Weg wie die übrigen Hersteller: mehr Lebensqualität durch immer mehr Hubraum. Für die Ingenieure war es ein Kinderspiel, ihren erprobten 396er in den Camaro einzubauen. Zwar lasteten nun fast 60 Prozent des Eigengewichts auf der Vorderachse, aber auf langen Geraden war der Camaro SS 396 so eine veritable Bestie. Für verhältnismäßig kleines Geld gab es Leistung satt.

Mit dem SS-Paket war der Camaro komfortabel ausgestattet und bot einen geschmackvollen Mix aus optischem Machotum und funktioneller Brutalität. Die Graugussköpfe mit eckigen Einlässen waren zwar schwer, verliehen dem Wagen aber ein gewaltiges Drehmoment praktisch ab Leerlaufdrehzahl. Der Camaro SS 396 erreichte 60 Meilen pro Stunde innerhalb von nur 6,8 Sekunden und legte die Viertelmeile mit 159 Stundenkilometern in 14,7 Sekunden zurück. Die Hinterachse neigte zwar beim starken Beschleunigen zum Trampeln, aber wer ernsthaft mit dem Camaro ins Rennen ging, bekam das mit dem richtigen Zubehör locker hin. 1969 war Leistung ein großes Verkaufsargument. Der SS 396 war ein Spitzenangebot, und es schadete nicht, wenn auch die Camaros mit kleineren Motoren heftig von seinem Image profitierten. Chevy unterließ es selten zu verkünden, dass in jedem Camaro etwas Super-Sport steckte – im SS 396 war es jedenfalls jede Menge.

Basismotor: 396 cui (6,5 Liter), 375 PS, 563 Nm
Basispreis: US-$ 3100
Aufpreis für das SS-396-Paket: US-$ 316
Gewicht: 1719 kg
Produktionszahl: 5200
Mit SS 396: 4889

TURBO-JET
396
375 HP
GMAU
3909866 KA

396
GOODYEAR

SS

POLYCLAS
GOODYEAR

Kapitel 12

1969 CHEVROLET EL CAMINO SS 396

Einer der Vorteile der vielfältigen Palette von Chevrolet bestand darin, dass man sich jederzeit ein Modell herausgreifen und es mit geringem Kostenaufwand in etwas Neues verwandeln konnte. Genau das tat Chevrolet, als man aus der Chevelle-Reihe den El Camino entwickelte, einen Pickup auf Basis einer Limousine, der gegen den populären Ranchero von Ford antreten sollte. Von der B-Säule an vorwärts blieb der El Camino ein Chevelle, dahinter aber kam ein vielseitiger Transporter mit der Ladefläche eines kleinen Lastwagens. Nun, mit der Variante SS 396 ließ sich mehr anstellen als ein paar Strohballen oder die Ausrüstung zur Swimming-Pool-Reinigung zu transportieren.

Chevrolet hatte den Bigblock bereits 1966 für den El Camino angeboten, doch der eiserne Kraftmeier für 1969 setzte einen neuen Maßstab. Die Basisversion 396 dieses Jahrgangs hatte 325 PS, aber jeder Muscle-Car-Fan weiß: Mehr ist immer besser.

Im Modelljahr 1969 gab es nun also den El Camino SS 396 mit dem Zusatzpaket RPO Z25. Dahinter verbirgt sich das brutale Kraftwerk L78 396/375. Ein Problem des El Camino war nun natürlich das geringe Gewicht auf der Hinterachse, solange die Ladefläche leer blieb. Bei starker Beschleunigung wild stampfende Hinterachsen ließen da wenig Freude aufkommen. Doch die wenigsten gingen mit ihrem El Camino auf den Drag-Strip. Den meisten war der flotte Lieferwagen eher ein Lifestyle-Transporter, der sich unter der Woche als brauchbarer Lieferwagen nutzen ließ. Übrigens entging manchen Versicherern das Potenzial unter der Haube des „Nutzfahrzeugs“ – und die Besitzer blieben von hohen Prämien verschont.

Der El Camino war bestimmt kein Kurvenwunder, aber bei Tempo auf gewundenen Straßen den echten Pick-Ups dank niedrigen Schwerpunkts klar überlegen. Mit Ausnahme des hinteren Stabilisators verfügte er über alle Super-Sport-Fahrwerksverbesserungen, so dass er in der Kurve nicht allzu sehr ins Wanken geriet. Seine Stärke waren jedoch klar die Geraden. Der El Camino SS 396 ist im großen Orchester der Muscle-Cars nie besonders wahrgenommen worden, doch das ändert sich, weil immer mehr Leute merken, dass sie es da mit einem echten Wolf im Schafspelz zu tun haben.

Basismotor: 396 (6,5 Liter), 325 PS, 563 Nm
Das Fotomodell leistet 375 PS, 563 Nm
Basispreis: US-$ 2723
Aufpreis für das SS-396-Paket: US-$ 347,60
Gewicht: 1456 kg
Produktionszahl: 48.385

RAKE RELEASE
FUEL
WIPER
El Camino

396
TURBO-JET

BFGoodrich
Radial T/A
BFGoodrich
Radial T/A

CHEVROLET

Kapitel 13

1969 CHARGER 500

Dodge hatte den Charger 1968 mit überarbeitetem Styling auf den Markt gebracht. Die Kunden stürzten sich darauf und kauften 96.100 Stück. Der Verkaufserfolg war zum großen Teil der Präsenz auf den NASCAR-Strecken geschuldet, wo der Charger unübersehbar eine feste Größe war. Leider aber gab der Wagen zwar in den Ausstellungsräumen der Händler ein gutes Bild ab, hielt aber auf der Rennstrecke nicht, was er versprach. Hauptgrund waren die mangelhaften aerodynamischen Qualitäten. Die schicke Heckscheibenführung zwischen den finnenartig nach hinten abfallenden Dachsäulen war strömungstechnisch hilfreich, und der eingezogene Kühlergrill tat ein Übriges.
Um das Auto ganze fünf Meilen die Stunde schneller rennen zu lassen, wären satte 85 PS mehr erforderlich gewesen, errechneten die Ingenieure. Die Alternative: Man verringere den Luftwiderstand um 15 Prozent. Also nahmen sich die Dodge-Stylisten Ende 1968 einen aktuellen Charger vor und machten aus ihm den Prototypen des Charger 500 – mit bündig sitzender Heckscheibe, Windabweisern an den A-Säulen und einem Kühlergrill mit integrierten Scheinwerfern, der nun nicht mehr als Windfang diente. Der neue Wagen zwar nicht mehr so schön wie der ursprüngliche, aber Dodge wollte schließlich Autorennen gewinnen.
Die NASCAR-Regeln forderten für die Homologation mindestens 500 Serien-Fahrzeuge, und daher rührt auch die Zahl im Namen. Als Standardmotor hatte der Wagen den starken 440er-V8, wahlweise mit Viergang-Schaltgetriebe oder mit Dreigang-Automatik. Dodge beauftragte die Firma Creative Industries in Detroit mit dem Umbau von 1969er Charger R/T. Schließlich wurden 559 Charger 500 gefertigt, darunter 52 mit 426er-Hemi.
Im Renntrimm war der Charger 500 gute 320 Stundenkilometer schnell, doch Ford blieb schneller. Die Dodge-Leute kehrten also zurück ans Reißbrett und machten sich daran, einen echten Gewinner zu konstruieren. Doch das ist ein anderes Kapitel – das folgende.

Basismotor: 440 cui (7,2 Liter), 375 PS, 651 Nm
Alternative: 426 cui (7 Liter), 425 PS, 664 Nm
Basispreis: US-$ 3860
Aufpreis für 426: US-$ 648,20
Gewicht: 1665 kg
Produktionszahl: 392
Mit 426er-Motor: 52

Charger 500

500

500

426 H
HEATER-5/8 IN.
HEATER-5/8 IN.
MOPAR

HEAD
KEEP TIGHT
DO NOT OPEN HOT

1969 DODGE CHARGER DAYTONA

Nachdem auch dem Charger 500 der Erfolg auf den Hochgeschwindigkeits-Ovalen versagt blieb, mühte sich Dodge weiter verzweifelt, höhere Geschwindigkeiten aus den Rennwagen herauszukitzeln. Großer Luftwiderstand hatte den Charger ausgebremst, und selbst mit der Feinarbeit, die zum Charger 500 führte, ließ sich noch kein Blumentopf gewinnen. Jetzt wurden die Dodge-Ingenieure mutig und begaben sich auf neues Terrain abseits der ausgetretenen Pfade. Und sie gingen weit, sehr weit: Der Entwurf, mit dem der Charger es gegen den enormen Fahrtwind bei Höchsttempo aufnehmen sollte, war radikal.

Vorn schraubten die Techniker eine stark abfallende und 45 Zentimeter lange Nase ans Auto, hinten verpassten sie dem Charger einen Heckspoiler – so himmelhoch, dass sich der Kofferraum noch bequem darunter öffnen ließ. Nun sollte der Wagen eigentlich windschlüpfig genug sein, um es mit der Konkurrenz von Ford aufnehmen zu können.

Die extremen Anbauteile in Verbindung mit der bündig eingepassten Heckscheibe des Charger 500 verbesserten den Luftwiderstandsbeiwert des Daytona auf beeindruckend niedrige 0,29. Prompt besetzten vier Daytonas im namengebenden 500-Meilen-Rennen die ersten vier Plätze. Auf den Bonneville Salt Flats beschleunigte Bobby Isaac einen der geflügelten Wagen auf 350 Stundenkilometer. 1969 und 1970 siegten die Daytonas noch in fünf weiteren Grand-National-Rennen.

Wie beim 500er kümmerte sich auch beim Daytona Creative Industries in Detroit um die Verwandlung von Charger R/T. Wieder mussten nach NASCAR-Regeln mindestens 500 Fahrzeuge hergestellt werden. Kein Problem: 503 US-Amerikaner kauften sich einen, weitere 40 gingen nach Kanada. Die Mehrzahl war mit dem 7,2-Liter V-8 mit einer Nennleistung von 380 PS ausgerüstet. Siebzig Kunden entschieden sich gar für den brutal starken 426 Hemi, wozu sie als Sahnehäubchen noch ein Paar Carter-AFB-Vierfachvergaser erhielten. Hochleistungsbremsen und verstärktes Fahrwerk gehörten zur Standardausrüstung. Die Hemis mit Straßenzulassung ließen sich übrigens nur anhand einer kleinen Plakette an der Wagenseite erkennen – wenn die überhaupt jemandem auffallen sollte angesichts der befremdlichen viel größeren Anbauteile.

Basismotor: 440 cui (7,2 Liter), 375 PS, 651 Nm
Alternative: 426 cui (7 Liter), 425 PS, 664 Nm
Basispreis: US-$ 5261
Aufpreis für Hemi-Motor: US-$ 648,20
Gewicht: 1696 kg
Produktionszahl: 503
Mit Hemi: 70

71 Dodge
Bobby's $100,000 ride.
The 1970 Grand National Championship battle was the closest ever. And the season's champion would take home NASCAR's biggest purse.
Eleven-race-winner Bobby Isaac entered the next to the last race of the season at Rockingham with an 85-point lead for the money.
The odds showed, if Bobby just finished the race, he'd cinch the championship.
And that's what he did.
Bobby described his seventh-place Rockingham finish as "The easiest ride of my life."
Bobby's Dodge is sparked by Champion.
DEPENDABLE CHAMPION SPARK PLUGS
Toledo, Ohio 43601
20 million people have switched to Champion Spark Plugs.
NASCAR Champion Bobby Isaac didn't have to.

426 C.I.
Dodge

DODGE ANNOUNCES SCAT CITY
The '70 Dodge Scat Pack is road ready.

Scat City is anywhere competition is hot, keen, and sanctioned.

It's the day after race day . . . U.S.A.! In a small brick building in Highland Park, Michigan, a group of white-coated engineers roll a long-snooted automobile into a closed van. In the Daytona Beach airport, NASCAR winner Bobby Isaacs catches a plane for Chelsea, Michigan . . . proving ground for the Scat Pack Chargers. Monday morning

at 5 a.m., the "Wing Thing," the new Charger Daytona, goes for a shake-down run . . . flat out.

"Big Daddy" Don Garlits, king of the dragsters, hot from shutting down two dozen fuelies at a Long Island rail meet, catches a cab for Kennedy Airport. His destination—Michigan International Speedway and a date with the hot new Dodge Challenger R/T. Daddy digs it. See report inside.

From the USAC wars, former national champion Don White wings in to blast the 1970 Charger R/T around the high-bank Michigan circuit. His opinion . . . "A great muscle car for all-purpose driving . . . and it's even got a functional back seat."

Up the river, the guys in the parts de-

partment are stuffing boxes with speed goodies . . . selected intakes, jugs, cams, cranks, mags, headers . . . the works for the guys who won't take stock for an answer. Special show kits for those who want special styling.

California Charlie Allen, the all-American boy, world's greatest Dodge Dart drag race artist, shows up to smoke the new version of the Swinger 340. At Detroit Dragway the budget bomb lives up to its name.

Dandy Dick Landy, who races for loot, puts his boot in the new Super Bee SixPack. Finds out it sizzles and gets off the line like lightning.

Scat City is where it's taking place, where the Dodge Scat Pack cars are proving to be the toughest performance cars going. From Riverside to Race-

way Park . . . from Dallas drags to super speedways. And back at the shop, a group is putting the finishing touches on a thing called the Scat Pack Club. Yes, gang, you do have a friend at the factory . . . he's waiting to talk to you.

Welcome to Scat City—where the competition is hot, hairy, and sanctioned. Be a swinger and join the Scat Pack Club. Details on the following pages. And don't forget . . . keep the tach in the black!

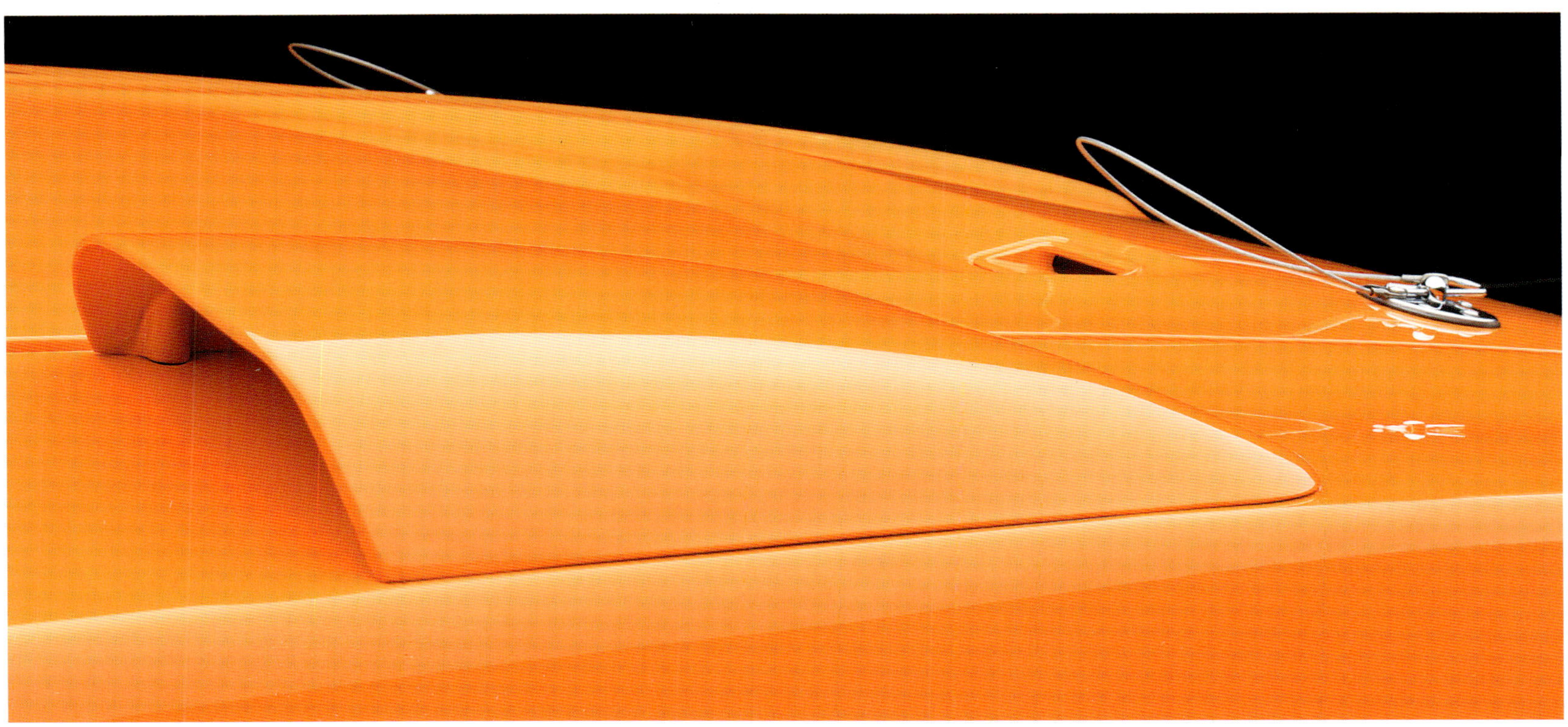

MAG
GATES C 11/32 INCH FJ-1 SAE 40R3L LD G01019
915

2863257
38198-A
RAD END
1527 532 8304

Charger
DAYTONA

Charger
DAYTONA

HEMI

426 HEMI HEAD
MOPAR
DO NOT WASH OR OIL

DAYTONA

Kapitel 15

1969 DODGE SUPER BEE

Ende der 1960er Jahre wurde die klassische Mischung für Muscle-Cars – großer Motor auf Mittelklasseplattform – immer mehr verwässert. Im Bemühen, noch mehr Autos an die PS-vernarrte Kundschaft zu verkaufen, bauten die Hersteller große Motoren in nahezu alles ein, was sonst so bei ihnen von den Bändern lief. So entstanden natürlich auch Wagen, die nicht besonders gut waren – und veritable Komplettversager.
Dodge, viele Jahre die Marke der unteren Einkommensschicht, blieb bei den einfachen Wagen mit großen und einfachen Motoren. Mit der Einführung des Super Bee für 1969 bewies Dodge, dass es das klassische Metier nach wie vor bestens beherrschte. Basis ist das „B-Body" – ein Standardfahrgestell, auf dem Chrysler, Dodge und Plymouth 17 Jahre lang zahlreiche Modelle aufbauten und dem der „Super-B" (auf Englisch spricht sich das wie Superbiene aus) seinen Namen verdankt. In einer Coronet-Karosserie brachte Dodge einen 6,3-Liter-Bigblock unter.
Der Käufer des hier abgebildeten Wagens entschied sich für den mächtigen optional erhältlichen 7,2-Liter, komplett mit Six-Pack – drei Doppelvergasern – und einer leichten Motorhaube aus Glasfaser. Das ist die hohe Schule des Muscle-Car-Baus. Der Schlund der Hutze auf der stets mattschwarzen Motorhaube gähnte hungrig genug, dass Eltern angesichts des Super Bee ihre kleinen Kinder spontan fester hielten. Die schlichten Fressnapf-Radkappen unterstrichen noch das Image des Brot-und-Butter-Autos – das es natürlich faustdick unter der Haube hatte. Im Innern gab es Sitze, einen Hurst-Schalthebel, ein Lenkrad und sonst eigentlich nicht viel mehr. Was soll so ein Muscle-Car sonst schon brauchen?
Nun, wie wär's mit brutaler Beschleunigung? Der zum Schnäppchenpreis zu habende Super Bee schaffte es in 6,3 Sekunden von Null auf 60 Meilen und auf der Viertelmeile eine Zeit von 13,8 Sekunden sowie knapp 170 Stundenkilometer. Gut, dass Dodge den Super Bee mit den gleichen Fahrwerksteilen ausstattete wie die Wagen mit Hemi-Motoren.

Zur klassischen Muscle-Car-Rezeptur gehörten natürlich auch erschütternde Defizite bei Kurvenfahrten und beim Bremsen. Auch auf diesem Gebiet erwies sich der Super Bee als Vertreter der reinen Lehre. Immerhin gab es Trommelbremsen – aber wer kaufte sich schon einen Super Bee wegen der Verzögerungswerte?

Basismotor: 440 cui (7,2 Liter), 390 PS, 665 Nm
Basispreis: US-$ 4300
Gewicht: 1860 kg
Produktionszahl: 1907

SIX PACK

SIX PACK

NHRA
SUPER BEE

Kapitel 16

1969 FORD MUSTANG GT 428 SCJ

In der Kategorie „wie mache ich mir selbst die größte Konkurrenz" verbuchte Ford 1969 einen sensationellen Erfolg. In jenem Jahr kam der Mach 1 auf den Markt, und Ford warf die Marketingmaschine an, um kräftig für den Neuen zu werben. Doch im selben Stall stand auch der Mustang GT, eine Ausführung, die es schon gab, seit im April 1964 der Mustang vorgestellt worden war. Obendrein handelte es sich beim 1969er GT und dem neuen Mach 1 bis auf ein paar äußerliche Details praktisch um das gleiche Auto.

Das Publikum, das sich mitunter leicht verwirren lässt, ließ sich von der Werbung und dem aufregenderen Äußeren des Mach 1 verführen und drängte so den Mustang GT aus dem Rampenlicht. Allerdings hatten GT-Kunden die viel größere Auswahl. Gab es den Mach 1 nur als Fastback, ließ sich der GT als Coupé, Cabrio und SportsRoof ordern. Zudem stand das komplette Motorenangebot zur Auswahl, einschließlich des gefürchteten 428ers. Außerdem auf dem Menü: der Cobra Jet in den Geschmacksrichtungen CJ mit 335 PS sowie SCJ (Super Cobra Jet), ebenfalls mit 335 Pferdestärken.

Als Zielgruppe für den SCJ hatte Ford Käufer ausgemacht, die mit Vorliebe die Viertelmeilendistanz fuhren. In diesem Wagen steckte allerlei Rennzubehör, etwa die gegossene und gehärtete Kurbelwelle, 427er-„Le Mans"-Pleuel, eine „Shaker-Hood" mit Öffnung, in der die direkt auf dem Luftfilter befestigte Hutze sich „schütteln" konnte, Traction-Lok-Differenzialsperre, externer Ölkühler, gegossene Aluminiumkolben und ein 3,91:1-Endantrieb. Der SCJ war ein ernstzunehmender Drag-Racer, eine Klimaanlage etwa gab es für das Modell nicht. Das Handling stellte eine gewisse Herausforderung dar, aber der SCJ war ja auch nur dafür gedacht, in eine Richtung zu fahren, und das möglichst schnell. Und wie schnell ist schnell in diesem Fall? Was halten Sie von einer Viertelmeile in 13,9 Sekunden und mit 166 Stundenkilometern?

Basismotor: 428 cui (7 Liter), 335 PS, 597 Nm
Basispreis: US-$ 2618
Aufpreis für den SCJ-Motor: US-$ 420,96
Gewicht: 1633 kg
Produktionszahl: 5396

Cobra JET

WIDE OVAL

Kapitel 17

1969 SHELBY GT500 CONVERTIBLE

Was als der Versuch begonnen hatte, ein „Sekretärinnen-Auto" in einen brauchbaren Straßen- und Rennwagen zu verwandeln, war 1969 zu einem großen Tourenwagen geworden. Zwar stand noch „Shelby" drauf, aber der Shelby GT500 jenes Jahrgangs war ein umetikettierter reiner Ford. In seiner Kategorie aber kam ihm kein anderes Auto gleich.

Ford hatte in jenem Jahr eine komplett neue Generation des Mustang eingeführt. Da Shelby bislang die Ponies als Grundlage für GT350 und GT500 genutzt hatte, schien es nur logisch, dass der jüngste Shelby auch auf dem jüngsten „Stang" basierte. Allerdings befand sich 1969 das gesamte Shelby-Pogramm unter der Ägide von Ford. Dort hatte niemand mehr die Absicht, Rennwagen mit Zulassung für den Straßenverkehr zu bauen. Vielmehr sollten normale Autos gebaut werden, die wie Rennwagen aussahen. Das Ergebnis waren der GT350 und der GT500, die es als SportsRoof und als Cabrio gab.

Mit verbreiterten Frontkotflügeln, fünf zusätzlichen Hutzen und einer Fülle von Streifen und Spoilern waren sie nicht unbedingt für die Bescheidenen und die Schüchternen dieser Welt gedacht. Im GT500 steckte zudem ein Cobra Jet mit sieben Litern Hubraum und einem Monsterdrehmoment, das den Wagen lässig aus niedrigsten Drehzahlen heraus beschleunigte. Es war das perfekte Kraftwerk für den GT500, das zum Burnout ebenso taugte wie für den Ausflug an der Küste entlang.

Der GT500 benötigte zwar nur sechs Sekunden von Null auf Hundert, oberhalb davon ging ihm aber relativ schnell die Puste aus. Auf der Viertelmeile vergingen 17 Sekunden bis zum Ziel – erheblich mehr als bei sehr viel älteren Shelbys zuvor. Mit geöffnetem Cabrio-Verdeck aber, mit dem aggressiven Grollen aus den mittig angeordneten Endrohren im Ohr und einer unendlichen Motorhaube vor der Nase ist der GT500-Fahrer stilvoll, schnell und angemessen sportlich unterwegs.

Basismotor: 428 cui (7 Liter), 335 PS, 597 Nm
Basispreis: US-$ 5027
Gewicht: 1919 kg
Produktionszahl: 1871
Dieses Modell: 335

SHELBY

POLYGLAS GT
GOODYEAR

POLYGLAS GT
GOODYEAR

428
GT 500
GOODYEAR
POLYGLAS GT

428
GT 500
GOODYEAR
POLYGLAS GT

Kapitel 18

1969 TORINO TALLADEGA

Im Pferdesport heißt es, dass Rennen die Zucht verbesserten. Für den 1969er Torino Talladega gilt das bestimmt. Ausgangs der 1960er Jahre lieferten Ford und Dodge einander erbitterte Kämpfe in NASCAR-Rennen. Doch die Fords ließen in puncto Aerodynamik auf den Hochgeschwindigkeits-Ovalen zu wünschen übrig. Eingezogene Kühlergrills waren damals schwer in Mode, erwiesen sich jedoch im Windkanal als veritable Geschwindigkeitskiller. Deshalb zog Ford den Grill des Torino um 15 Zentimeter aus seiner Höhle nach vorn in die leicht verbreiterten Kotflügel, wo er nun in einer Flucht mit der vorderen Stoßstange lag, die übrigens eine angepasste Heckstoßstange war. Außerdem wurden Ecken gerundet, um den Luftwiderstand weiter zu verringern.

Der Torino war ein Fastback, was gut zu einem Rennwagen passt. Ein Gurney-Flap an der Abrisskante sorgte für mehr Abtrieb. Die Schweller wurden soweit eingezogen, dass sich der Wagen um etwa 2,5 Zentimeter tieferlegen ließ. Vor allem wurde der Bug abgesenkt, was den Anpressdruck bei hoher Geschwindigkeit erhöhte. Ford nannte den Wagen nach der Rennstrecke, auf der er die höchsten Geschwindigkeiten erreichte: Talladega.

Die NASCAR-Regeln verlangten, dass für die Zulassung des Modells zum Rennen der Hersteller mindestens 500 straßenzulassungsfähige Exemplare verkaufen musste. Dieses Ziel wurde von Ford nicht nur erreicht, sondern übertroffen. 754 Einheiten wurden im Ford-Werk in Atlanta, Georgia, gebaut. Eine Wahl hatte der Käufer übrigens nur bei der Farbe. Es gab den Talladega in Wimbledon White, Presidential Blue und Royal Maroon. Die sehr erfolgreichen Rennversionen hatten 429er-Boss-Motoren, die für die Straßen den kräftigen 428 Cobra Jet, der in der Herstellung erheblich billiger war. Mit 335 PS machte der Cobra Jet den Talladega 210 Stundenkilometer schnell. Bei einem Drehmoment von 597 Nm beschleunigte der Wagen in nur 5,8 Sekunden auf 60 Meilen pro Stunde. Da hat die Rennerei in der Tat die Zucht verbessert.

Basismotor: 428 cui (7 Liter), 335 PS, 597 Nm
Basispreis: US-$ 3570
Gewicht: 1712 kg
Produktionszahl: 754

BFGoodrich
Radial T/A

BFGoodrich
Radial T/A

Radial T/A
BFGoodrich

Kapitel 19

1969 MERCURY CYCLONE SPOILER CALE YARBOROUGH SPECIAL

Ende der 1960er Jahre war Mercury ein gefürchteter Gegner bei den NASCAR-Rennen, wo Aerodynamik eine immer wichtigere Rolle spielte. Schon bald wurde klar, dass der Bug des Cyclone dem Fahrtwind viel zu großen Widerstand bot. So war an Siege nicht zu denken.

Die Lösung war eine Verlängerung nach vorn. Man brachte Cyclone Spoiler zu Holman-Moody, wo der serienmäßige Bug einfach abgetrennt und eine Verlängerung angeschweißt wurde. Mit der um fast 50 Zentimeter längeren Nase kehrte der Erfolg bald wieder zurück.

Nach den Regeln der NASCAR musste ein Hersteller, der bei Rennen mitmischen wollte, mindestens 500 straßenzulassungsfähige Fahrzeuge des betreffenden Modells an normale Kunden verkauft haben. Zu Ehren des Stock-Car-Fahrers Cale Yarborough legte man eine Gedächtnis-Edition in Yarboroughs Farben Rot und Weiß auf.

Ausgestattet mit einem 351er-Windsor-V8 mit 290 PS und Automatikgetriebe war das schicke Fastback für 3800 Dollar beim Händler zu haben. Der Mercury Cyclone Spoiler beschleunigte auf der Viertelmeile in 15,6 Sekunden auf mehr als 150 Stundenkilometer. Der hier gezeigte Wagen steht stellvertretend für 40 weitere seiner Art mit dem optional erhältlichen 428 Cobra Jet mit 335 PS und einem Drehmoment von 522 Nm. Nur wenige andere Muscle-Cars sind so eng mit dem Rennsport verbunden wie der Cyclone Spoiler.

Basismotor: 351 cui (5,75 Liter), 290 PS, 522 Nm
Basispreis: US-$ 3800
Gewicht: 1624 kg
Produktionszahl: 519

CYCLONE
NASCR 21

CYCLONE SPOILER
BFGoodrich
Radial T/A

MERCURY
CJ-428
CAUTION-FAN

Cale Yarborough
SPECIAL
428
Radial T/A
BFGoodrich

Kapitel 20

1969 MERCURY CYCLONE SPOILER DAN GURNEY EDITION

Es ist schwer zu glauben, aber es gab eine Zeit, da wurden Stock-Car-Rennen tatsächlich von Stock-Cars, also von Autos im Serienzustand, bestritten. Die amerikanischen Fahrzeughersteller lieferten einander erbitterte Kämpfe auf den NASCAR-Pisten im ganzen Land, stets nach dem Motto: „Win on Sunday, sell on Monday." Ford war einer der Hauptkombattanten. Um die Präsenz in der Öffentlichkeit weiter zu stärken, beschloss man in Dearborn, dass auch die gehobene Marke Mercury ihre Brötchen auf der Rennstrecke verdienen sollte.

Das Fahrzeug, das sowohl in der NASCAR-Serie als auch bei Straßenrennen an den Start ging, war der Cyclone Spoiler II, eine Mercury-Variante des Ford Torino Fastback. Mercury erwies sich als erfolgreich. Zur Erinnerung an die großen Siege Dan Gurneys bei Straßenrennen im Jahre 1968 brachte Mercury 1969 eine Sonderedition auf den Markt. In Blau und Weiß, den Farben Gurneys, lackiert, erhielt die Dan Gurney Edition des Cyclone Spoiler II einen 351er-Windsor mit 290 PS. Alle 218 Autos hatten das FMX-Automatikgetriebe mit Lenkstockhebel. Die Dan-Gurney-Edition war ein Komplettpaket, es gab also keinerlei Zubehör oder Optionen. Immerhin wurde bei einigen die Heizung weggelassen.

Der Heckspoiler stammte übrigens vom Mustang. Wenn die Autos an die Händler geliefert wurden, lag er im Kofferraum. Er wurde erst montiert, wenn der Wagen zur Auslieferung vorbereitet wurde.

Das Handling war zeittypisch schwerfällig. Ein Stabilisator vorn, harte Federn und eine starre Hinterachse waren typisch Muscle-Car – also ganz angenehm auf gerader Strecke, abseits davon aber eine echte Herausforderung. Auf den Geraden aber tat auch die Dan-Gurney-Edition wie die meisten Muscle-Cars unerschütterlich und vorbildlich ihre Pflicht – mit brutalem Antritt.

Basismotor: 351 cui (5,75 Liter), 290 PS, 522 Nm
Basispreis: US-$ 3800
Gewicht: 1624 kg
Produktionszahl: 519

California
D GURNY

CYCLONE
SPOILER
BFGoodrich
Radial T/A

Dan Gurney
SPECIAL
BFGoodrich
Radial T/A

Chapter 21

1970 AMC MARK DONOHUE TRANS-AM JAVELIN SST

1970 wollte auch die American Motors Corporation auf dem Muscle-Car-Markt mitmischen. Dazu erhielt der Javelin des neuen Jahrgangs eine neue Front und eine längere Haube. Käufer, die echte Muskelpakete darunterpacken wollten, orderten das „Go-Package“ mit einem 340 PS starken 390er-V8. Zum Leistungspaket zählten außerdem Scheibenbremsen vorn, eine zweiflutige Auspuffanlage, ein Hochleistungsfahrwerk mit Stabilisator, verbesserte Kühlung und fette Goodyear-Reifen auf schicken Felgen. Die ultimative Version des umgestalteten Javelin war das Sondermodell Mark Donohue Javelin SST als Hommage an Donohues Trans-Am-Rennwagen. Wie alle übrigen Hersteller mischte auch AMC in den späten 1960er Jahren in den Rennen für seriennahe Autos mit, die von der SCCA ausgerichtet wurden. Rennstallbesitzer Roger Penske und sein Fahrer Mark Donohue übernahmen 1970 das Trans-Am-Programm für AMC, nachdem sie 1968 und 1969 für Chevrolet den Markenmeistertitel geholt hatten.
Von der Donohue-Version baute AMC 2501 Stück. Alle trugen den Entenbürzel-Spoiler, den der Fahrer selbst entworfen hatte. Die Homologationsvorschriften sahen vor, dass mindestens 2500 Autos mit einem derartigen Spoiler versehen zu sein hätten. Außerdem trugen die Autos Donohues Unterschrift auf der rechten Seite.

AMC baute zu dem eine Handvoll Trans-Am Javelins mit Straßenzulassung. Etwa 100 Stück entstanden 1970, alle mit dem „Go-Package“, in blau-weiß-roter Lackierung, mit Viergang-Getriebe und Hurst-Performance-Shifter, mit Ram-Air-Haube und Spoilern.

Basismotor: 390 cui (6,4 Liter), 340 PS, 583 Nm
Basispreis: US-$ 3,734
Gewicht: 1515 kg
Stückzahl: 100

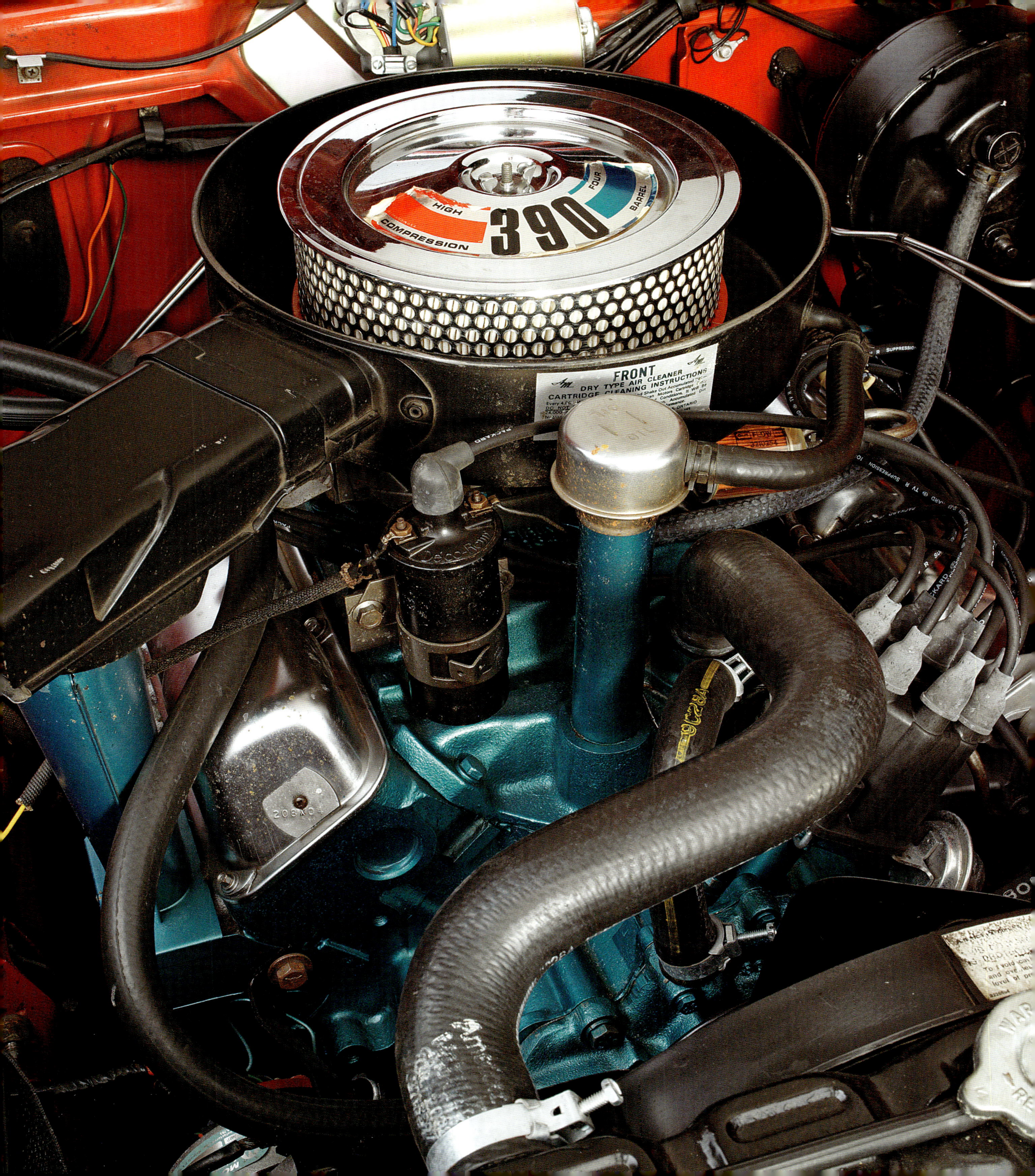
HIGH
COMPRESSION
390
FOUR
BARREL
FRONT
DRY TYPE AIR CLEANER
CARTRIDGE CLEANING INSTRUCTIONS

Javelin
SST
POLYGLAS
GOODYEAR

Javelin

390
GOODYEAR
POLYGLAS

BACK OUR BOYS
IN VIET NAM

Kapitel 22

1970 BUICK GRAN SPORT GSX

Buick hatte stets den Ruf eines Herstellers solider, aber langweiliger Autos. Dann kamen die Sechziger und mit ihnen der Hunger auf Leistung. Das war einst ein schmutziges Wort im Hause Buick gewesen, allmählich aber tauchte es häufiger im Vokabular des Herstellers auf. Fahrzeuge wie der Riviera, ein echter Boulevard-Cruiser, wurden plötzlich Kraftsportler. Dem Mittelklassemodell Skylark bekam die Grand-Sport-Behandlung besonders gut. Als die 1960er Jahre sich langsam ihrem Ende zuneigten, bediente Buick die Kundschaft regelmäßig mit Luxus-Mucles.

Eine optisch aufgefrischte Version des Skylark kam 1970 zu den Händlern, und Buick schob auch gleich die Grand-Sport-Variante nach. Die Buick-Leute schienen Blut geleckt zu haben, denn das reichte ihnen offenbar noch nicht – sie stellten eine noch heißere Variante der ohnehin schon heißen Nummer auf die Räder, den GSX.

General Motors hatte zuvor massiv in die Entwicklung des A-Body mit 112 Zoll (2,85 Metern) Radstand investiert, der auch Motoren mit riesigen Hubräumen aufnehmen sollte, und Buicks neues A-Modell geizte nicht mit Leistung. Den 455 cui (7,5 Liter) großen V8 gab es mit 315 und mit reifenzerfetzenden 345 PS. Beide Motoren entwickelten ein Drehmoment, um das sie jede Lokomotive beneidet hätte: 692 Nm.

Der Wagen wurde nur in zwei Farben angeboten: Apollo White und Saturn Yellow. Die auffälligen Autos ließen sich nicht in großen Stückzahlen verkaufen. 1970 baute Buick lediglich 678 Stück, aber es waren Wagen mit Ausstrahlung, ebenbürtig dem Chevelle LS6, dem GTO Judge und dem Oldsmobile 4-4-2 W-30. Nur 199 wurden mit Schaltgetriebe ausgerüstet. Doch ganz gleich, wer die Gänge sortierte – der wilde Buick brachte seine fast 1,8 Tonnen in nur 5,8 Sekunden auf 60 Meilen pro Stunde. Das ist schon bemerkenswert, wenn man nur an die damals üblichen Reifen denkt. Die Hutzen auf der Motorhaube versorgten den Quadra-Jet-Vierfachvergaser mit ausreichend Frischluft für eine Viertelmeilen-Zeit von 170 Stundenkilometern in 13,38 Sekunden. Das sind beeindruckende Zahlen für jedes Muscle-Car, besonders aber für einen Buick.

Basismotor: 455 cui (7,5 Liter), 360 PS, 692 Nm
Basispreis: US-$ 4880
Gewicht: 1815 kg
Produktionszahl: 678

GSX
BY BUICK

GSX

RPM
BUICK

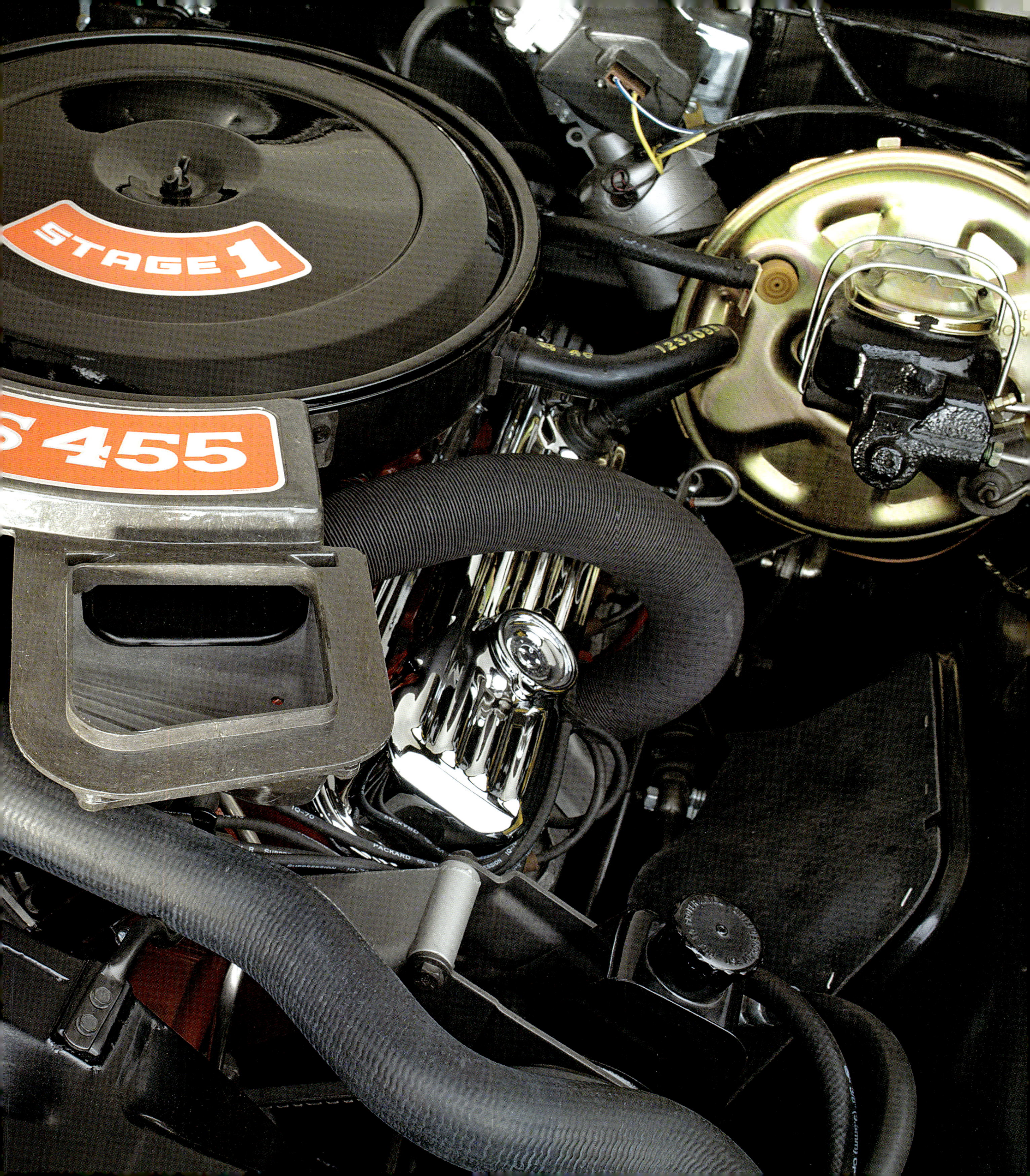
STAGE 1
S 455

Kapitel 23

1970 ½ CHEVROLET CAMARO Z28 RS

Seit seiner Markteinführung 1967 hatte der Camaro lediglich für 1969 ein moderates Restyling erfahren. Das neue Modell, das zur Mitte des Modelljahrs 1970 vorgestellt wurde und daher auch unter der Bezeichnung 1970 1/2 bekannt ist, war ein Schritt in eine andere Richtung. Unter europäischem Einfluss war der jüngste Camaro windschlüpfig und schnittig geraten und bestens geeignet für einen PS-starken Motor. Im Unterschied zu den meisten anderen Muscle-Cars verfügte der Z28 über etwas ganz Neues: Er bot Fahr- und Bremseigenschaften wie ein Sportwagen. Chevrolet hatte das Beste aus beiden Welten zusammengebracht.

Mit der Lockerung der Hubraumvorschriften der SCCA konnte Chevy den Motor des Z28 vergrößern. Mit 350 cui (5,74 Litern) entwickelte er jetzt ein beeindruckendes Drehmoment im niedertourigen Bereich. Der LT1-Motor stammte aus der Corvette und verfügte über eine ganze Reihe von hochwertigen Rennsport-Teilen. Mit einem Verdichtungsverhältnis von 11,0:1, Hauptlagerdeckeln mit vier Schrauben, geschmiedeter Kurbelwelle, scharfer Nockenwelle und – als Krone obendrauf – einem riesigen Holley-Vierfachvergaser 4150 bewies der 1970 1/2, dass Chevrolet das Thema Leistung nach wie vor ernst nahm.

Dank verbesserten Fahrwerks und moderner Reifen war das Fahrverhalten des neuen Z28 ohne Tadel. Viele Muscle-Cars hatten mehr PS als der Z28, aber nur wenige brachten sie so effektiv auch auf die Straße. Wie es in damaligen Anzeigen hieß, bedeutet schiere Kraft gar nichts, solange sie nicht beherrschbar ist. Der 1970 ½ Z28 zeigte allen, wie man das macht. Gab man ihm die Sporen, war er auch richtig schnell: von Null auf 60 Meilen in nur 6,1 Sekunden und auf der Viertelmeile 160 Stundenkilometer nach ganzen 14,4 Sekunden.

Basismotor: 350 cui (5,74 Liter), 360 PS, 515 Nm
Basispreis: US-$ 3412
Aufpreis für die Option Z28: US-$ 573
Gewicht: 1746 kg
Produktionszahl: 8733

CHEVROLET
U-S-A-1
SEE THE USA
Z28

POLYGLAS GT – F60-15
BG1 724

350
TURBO-FIRE
360 HORSEPOWER
SAE 20R3 CLASS D2 3/4" ID 19.1mm
GM

Z28
MYFLORIDA.COM
CHARLOTTE

Z28

Kapitel 24

1970 CHEVELLE SS 454 LS6

Wenn Kenner – echte wie selbsternannte – abends beim Bier zusammensitzen und Benzin reden, endet automatisch jede Diskussion über die Vorzüge des einen oder des anderen Autos, wenn jemand den Namen des Chevelle LS6 fallen lässt. Ganz gleich, zu welcher Fraktion man gehört, beim Chevelle LS6 sind sich alle einig: Er ist der Hammer auf vier Rädern, eine berauschende Kombination aus Breitschultrigkeit und ungezähmter Kraft. Sein 7,4-Liter-V8 mit einer Nennleistung von 450 PS und einem Drehmoment von 678 Nm lässt keine Wünsche offen. 5,4 Sekunden von Null auf 60 Meilen in einem Auto mit Zulassung für den Straßenverkehr sind eine klare Ansage. Alles am Chevelle war auf Hochleistung getrimmt, und zum Preis von 766 Dollar für das LS6-Paket gab es einen echten Rennwagen. Welcher andere Mittelklassewagen absolvierte die Viertelmeile in 13,81 Sekunden und erreichte dabei 170 Stundenkilometer? Na bitte.

Unter der aggressiv gezeichneten Karosserie verbarg sich das vielgepriesene F41-Sportfahwerk mit härteren Federn, um das Gewicht des großen Graugussblocks aufzufangen. Über Hutzen wird der Motor mit frischer Luft versorgt, und am anderen Ende liefert die 2,5-Zoll-Auspuffanlage einen beeindruckenden Soundtrack. Die große Mehrzahl der LS6-Motoren (es gab den 454 auch mit dem etwas schwächeren LS5) wurde in Chevelles eingebaut, nur einige wenige kamen in El Caminos unter. Chevrolet baute 4475 dieser Autos und schuf so auf der Stelle einen echten Klassiker. Der Wagen war vom Start weg etwas ganz Besonderes, er setzte einen neuen Leistungsmaßstab, nicht nur für General Motors, sondern für die gesamte Konkurrenz. In jenen Jahren war größer in jedem Fall besser. Chrysler hatte den 426 Hemi, Ford den Boss 429 und Chevrolet den 454 LS6. Wo scharf geschossen wird, ist ein Messer keine Waffe – da braucht man eine richtige Knarre. Das hier war eine!

Basismotor: 454 cui (7,4 Liter), 450 PS, 678 Nm
Basispreis: US-$ 3800
Aufpreis für den LS6-Motor: US-$ 766
Gewicht: 1724 kg
Produktionszahl: 8773 (alle SS 454)
Produktionszahl mit LS6: 4475

GOODYEAR
POLYGLAS - F70-14

454

SS
454
POLYGLAS - F70-14
GOODYEAR

Kapitel 25

1970 DODGE CHALLENGER R/T CONVERTIBLE

In der Mehrzahl waren Muscle-Cars geschlossene Angelegenheiten, zumeist Coupés, Hardtops und Fastbacks. Es gab aber auch Cabrios, und angemessen motorisiert durfte man auch mit einem offenen Auto in den Ring. Im Challenger RT war bereits der Basismotor mehr als stark genug, um sich einen Platz in der Bruderschaft der Muscle-Cars zu sichern. Glaubt man den Automagazinen, hat jedes „Performance Car" einen großen, teuren Motor, jederzeit bereit, einen Satz Hinterreifen in Qualm aufgehen zu lassen. In Wirklichkeit nahmen die meisten Käufer aber lieber einen etwas kleineren Motor, um nicht die horrenden Versicherungsprämien für die Topmodelle zahlen zu müssen. Challenger-Kunden machten da keine Ausnahme, und der 383er-V8 war ein elastischer, 335 PS starker Motor, der einem nicht gleich die Haare vom Kopf fraß.

Für das Modelljahr 1970 führte Chrysler den E-Body ein, eine Plattform eigens für den Aufbau von Pony-Cars. Nach dem Debüt des Mustang hatte die Chrysler Corporation geschlagene sieben Jahre benötigt, um einen direkten Wettbewerber auf die Straße zu bringen. Als Dodge dann endlich den Challenger brachte, war der auf Anhieb ein Erfolg. In jenen Jahren war Chrysler für seine technische Kreativität bekannt, und der Challenger war ein Ergebnis dieser Schaffenskraft. Mit der vorderen Drehstabfederung zielte der Challenger auf Käufer, die Komfort höher schätzten als jene, die sich eher einen Barracuda kaufen würden, das Gegenstück des Challenger von Plymouth. Carl Cameron entwarf den Challenger nach dem Muster der Pony-Cars mit langer Motorhaube und kurzem Kofferraum.

Dodge bot für den Neuen eine lange Reihe von Motoren aller Leistungsklassen an, darunter den 426 Hemi. Doch in der realen Welt kamen die meisten Menschen, die sich zum starken Motor auch Sonne auf der Haut wünschten, bestens mit dem Challenger 383 Cabrio zurecht.

Basismotor: 383 cui (6,3 Liter), 335 PS, 576 Nm
Alternativen: 440 cui (7,2 Liter), 1 Vierfachvergaser, 375 PS, 576 Nm;
440 cui (7,2 Liter), 3 Doppelvergaser, 390 PS, 651 Nm;
426 cui (7,0 Liter), 425 PS, 646 Nm
Basispreis: US-$ 3535
Gewicht: 1600 kg
Produktionszahl: 3979

Challenger
R/T
POLYGLAS GT - F60-15
GOODYEAR

Challenger
R/T
POLYGLAS GT - F60-15
GOODYEAR

GOODYEAR
POLYGLAS GT - F60-15

GOODYEAR
POLYGLAS GT - F60-15

Kapitel 26

1970 DODGE CHALLENGER T/A

Als Dodge für das Modelljahr 1970 die neuen E-Body-Pony-Cars einführte, galt es, die sportlichen Modelle möglichst bald und möglichst werbewirksam im Rennsport einzusetzen. Sehr beliebt war die Rennserie Trans-Am Sedan Championship des Sports Car Club of America (SCCA). Dort wollte die Chrysler Corporation ihre neuen Challengers und 'Cudas einsetzen und promoten.

Hersteller, die bei Rennen einsteigen wollten, mussten für die Homologation eine bestimmte Zahl baugleicher Wagen auf die Straße gebracht haben. Damit also Fahrer-Star Sam Posey einen Challenger T/A (T/A für „Trans-Am") an den Start bringen konnte, montierte Dodge 2142 straßentaugliche Einheiten, mehr als nach den Homologationsvorschriften erforderlich. Laut SCCA-Regel war der Hubraum der Rennwagen auf fünf Liter begrenzt, doch 1970 galt das nicht mehr für die Straßenversionen. Die Rennabteilung verkleinerte den Hubraum des Wettbewerbswagens von 340 cui (5,57 Liter) auf 303,8 cui, also bis knapp unter die 305-cui-Grenze. In der Straßenversion aber blieb es beim 340er-Motor, und so wurde es auch unübersehbar mit Aufklebern an den Wagenflanken verkündet.

Eine weitere Abweichung vom Wettbewerbswagen war der Einbau von drei Vergasern. Poseys Rennwagen atmete durch einen einzelnen Vierfach-Vergaser, die Straßenfahrzeuge dagegen bekamen „Six-Pak"-Anlagen mit drei Doppelvergasern. Zu den leistungsverbessernden Maßnahmen gehörten das Spannungsarmglühen des Graugussblocks – eine Methode, Verspannungen im heißen Metall zu vermeiden – und der Einbau von Hauptlagerdeckeln mit je vier Schrauben.

Der Challenger T/A leistete 294 PS, also praktisch genauso viel wie die Trans-Am-Modelle von Ford und von GM. Nach Angaben von Dodge erreichte der Motor die maximale Leistung bei 5000 Umdrehungen, der rote Bereich begann aber erst bei recht hohen 6500/min. Die Viertelmeile schaffte der T/A in 14,5 Sekunden.

Anfang der 1970er Jahre ließ die Bereitschaft der Versicherer spürbar nach, Verträge mit Muscle-Car-Besitzern abzuschließen. Leistung ließ sich plötzlich nicht mehr so gut verkaufen. Eigentlich hatte Dodge vorgehabt, auch 1971 einen Challenger T/A anzubieten, und es gab auch erste Werbeaufnahmen von einem Modell. Schließlich aber ließ man von dieser Idee ab, und so blieb es beim 1970er-Jahrgang.

Basismotor: 340 cui (5,57 Liter), 3 Doppelvergaser, 290 PS, 468 Nm
Basispreis: US-$ 4480
Gewicht: 1656 kg
Produktionszahl: 2539

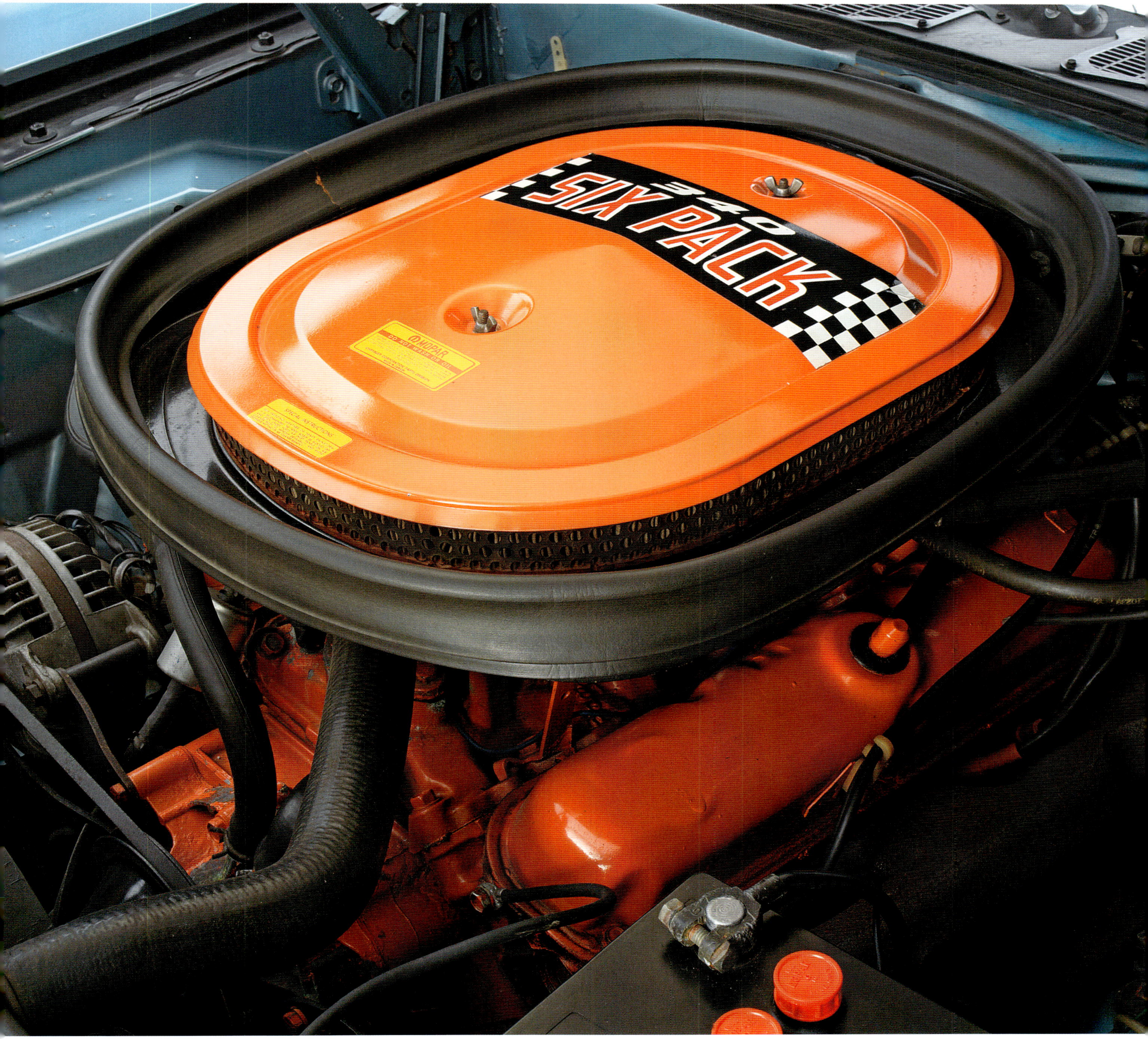
340
SIX PACK
MOPAR

T/A
340 SIX PAK
GOODYEAR
POLYGLAS GT - E60-15

1970

Kapitel 27

1970 DODGE CHARGER R/T 440-6

Im klassischen Sinne ist ein Muscle-Car ein relativ preisgünstiger Mittelklassewagen mit einem Monstermotor: Die Zielgruppe: Junge und junggebliebene Leute, die sich dem Erlebnis wahnsinniger Geschwindigkeit zu überschaubaren Kosten aussetzen wollen. Die 1970 Charger passen da ganz ausgezeichnet ins Bild. Das Grundmodell mit Sechszylinder kostete nur 3001 Dollar, für das Top-Modell R/T wurden 3711 Dollar fällig. Für Kunden, die keinen Wert auf die Lebensdauer ihrer Hinterreifen legten, hatte Dodge noch den 440 Six-Pak mit 395 PS und den berühmten 426 Hemi, der 431 PS entwickelte, auf Lager.

Da praktisch jedermann beim Händler auftauchen und mit einem Muscle-Car wieder wegfahren konnte, legte so mancher Wert darauf, sich mit seinem Auto von den anderen abzuheben. Im Jahre 1970 gebührte zweifellos Chrysler der Meistertitel fürs Mischen der grellsten und verrücktesten Farben und für die schrägsten Bezeichnungen. Eine der auffälligsten war Panther Pink, Farbcode FM3. Nicht schlecht waren auch Sublime Green Go, Go Mango, Banana und Plum Crazy.

Doch selbst die poppigen Farben konnten nichts mehr daran ändern: Mit 9370 verkauften Einheiten spiegelte der Absatz des Charger R/T das schrumpfende Interesse an Autos mit Monstermotoren wider. Mit der Auslieferung der neuen E-Body-Coupés Challenger und Barracuda machte sich Chrysler selbst Konkurrenz und grub dem Charger R/T erst recht das Wasser ab. Die Versicherungen forderten die Hersteller auf, künftig Fahrzeuge „sozial verantwortungsvoller" zu bauen, und erhöhten die Prämien für die Spitzenmodelle. Immer weniger Muscle-Cars wurden verkauft. Für den wahren Enthusiasten besteht natürlich immer ein Bedarf an einem Fahrzeug wie dem Charger.

Basismotor: 440 cui (7,2 Liter), 375 PS, 651 Nm
Alternativen: 440 cui (7,2 Liter), 3 Doppelvergaser, 390 PS, 665 Nm;
426 cui (7,0 Liter), 425 PS, 665 Nm
Basispreis: US-$ 3711,00
Gewicht: 1650 kg
Produktionszahl: 10.337
Mit 390-PS-Six-Pak-Motor: 116

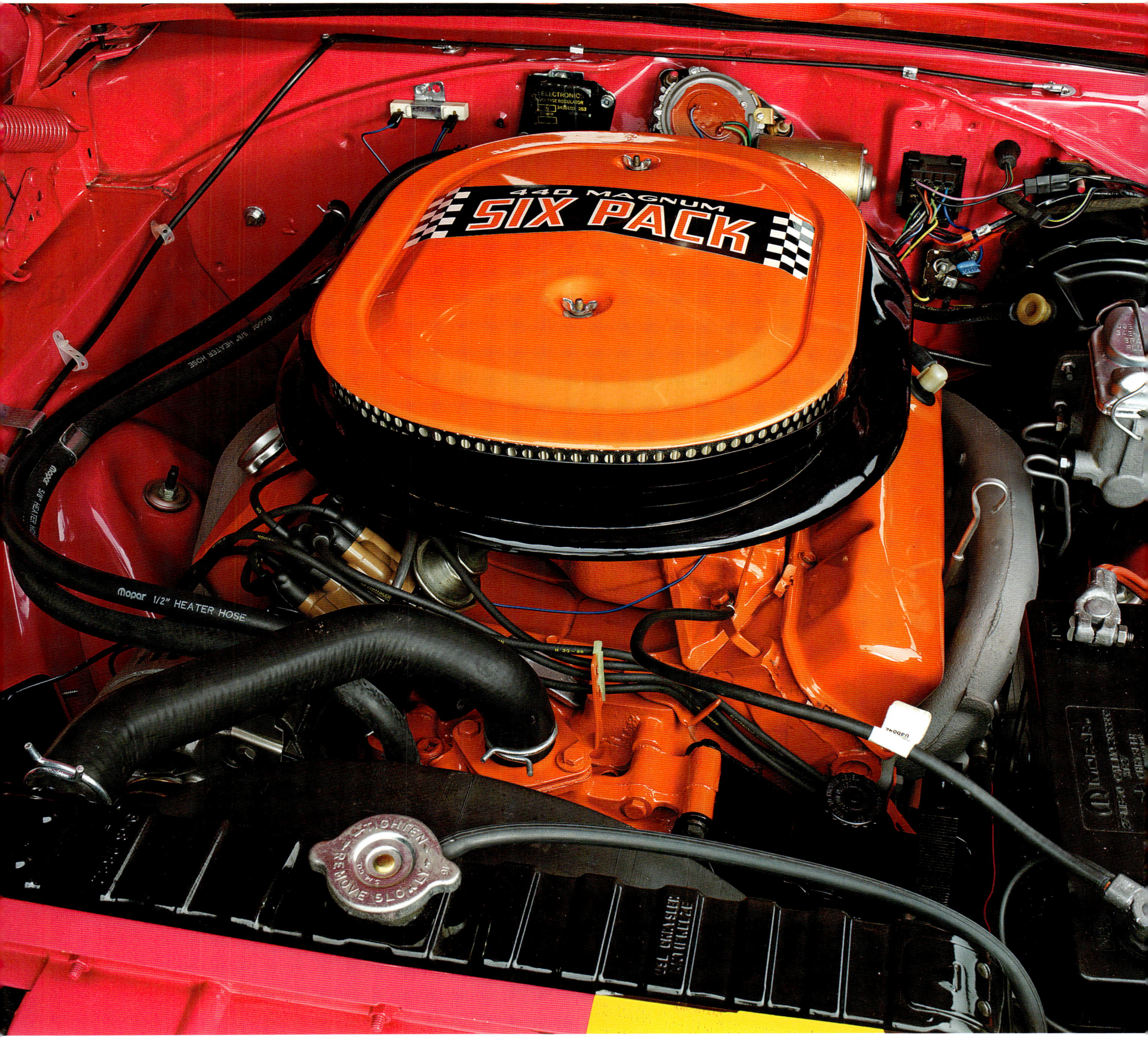
440 MAGNUM
SIX PACK
Mopar 1/2" HEATER HOSE

R/T
GOODYEAR
POLYGLAS - F70-14

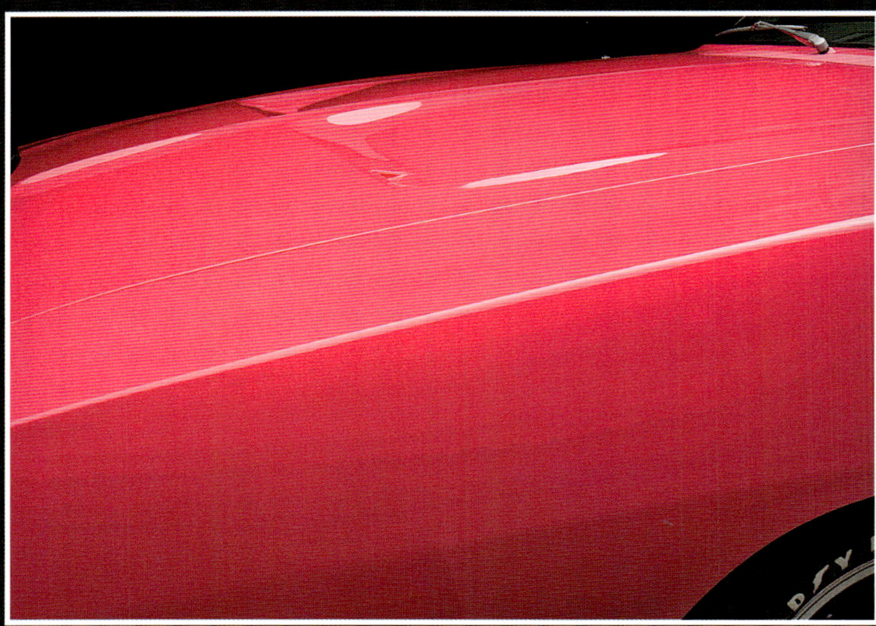

Charger
GOODYEAR
POLYCLAS
F70-14

Charger

Kapitel 28

1970 FORD MUSTANG BOSS 302

Der Mustang von Ford bewegte sich auf dem schmalen Grat zwischen Pony-Car, Sportwagen und Muscle-Car. Je nach Motorisierung passte er in die eine oder die andere Kategorie. Der Boss 302 war alles zusammen. Entworfen nach den Spezifikationen für einen 1969er Trans-Am-Rennwagen, zog der Boss 302 gleich mit dem Chevrolet Camaro Z28 und dem Pontiac Trans Am. Die heiß umkämpfte Serie ging 1970 weiter, diesmal auch noch gegen Chryslers E-Bodys Challenger und Barracuda. Den Vorschriften entsprechend durfte der Hubraum nicht größer als fünf Liter (305 cui) sein, und so verbaute Ford einen 302er sowohl in den Rennwagen als auch in der Straßenversion. Für letzteren gab Ford 294 PS an, eine lächerlich niedrige Zahl. In Wirklichkeit brachte er 355 Pferde auf die Bahn.

Als fürs Rennen konzipierter Wagen verfügte der Boss 302 über Scheibenbremsen vorn, einen großen Stabilisator vorn, verstärkte Dämpferdome und verstärkte Achsschenkel vorn. Die Käufer konnten jedes gewünschte Getriebe verlangen, solange es sich um eine eng abgestufte Viergang-Schaltbox handelte. Mit den großen Ventilen in Cleveland-Köpfen entwickelte der 1970er Boss 302 gewaltigen Durst. Oben auf dem Kraftwerk saß ein mächtiger Holley-Vergaser. Alles zusammen machte den Boss auf der Viertelmeile 150 Stundenkilometer schnell – gestoppt nach 14,93 Sekunden. Dass er die Kurven wie ein Slotcar nahm, war das Sahnehäubchen obendrauf. Für die Linienführung und das rasante Grafik-Paket zeichnete Designer Larry Shinoda verantwortlich.

Ford baute vom Boss 302 im Jahr 1970 insgesamt 7013 Einheiten und damit deutlich mehr als die 1628 im Jahr zuvor. Das Jahr 1970 sollte das letzte für den Boss 302 sein. Ihn ersetzte der Boss 351, nachdem die Hubraumgrenze gefallen war. Zwei Jahre lang aber war Fords Trans-Am-Rennwagen der Renner beim Publikum.

Basismotor: 302 cui (4,95 Liter), 294 PS, 393 Nm
Basispreis: US-$ 3720
Gewicht: 1497 kg
Produktionszahl: 7013

Nearest thing to a Trans-Am Mustang that you can bolt a license plate onto.

Boss 302

Our objective was to build a reasonably quick machine with a tight power to weight ratio. Power starts with a lightweight, precision-cast short-stroke 302 C.I.D. block. Top it with 10.5:1 heads with inclined 2.23″ intake and 1.71″ exhaust valves under aluminum rocker covers. Bolt on an aluminum high-riser manifold and a 780 CFM 4-barrel Holley carb. Add low-restriction headers and large-diameter dual exhausts. Fire it with dual-point ignition. You get 290 hp at 6000 easy revs. And it can be tuned for more.

Power gets to the road via a high-capacity 10.4″ clutch and a trigger-quick 4-speed box. There's a "Daytona" axle with a standard 3.50 ratio. You can order it with a 3.50, 3.91 or 4.30 locker axle if you're that kind of guy. Wheels are styled-steel 7″ rims with F60 x 15 fiber-glass belted tires. (These smokers are 2 inches wider than F70's. We had to flair the wheel wells a bit to get them on.) Quick-ratio steering, floating-caliper front disc power brakes, competition-

Castrol XLR official oil for Team Mustang Trans-Am Challenge
The Trans-American Championship is a dozen grueling endurance races run by the world's fastest sport sedans. It's one of the toughest proving grounds for cars, and the products they depend on.
Ford Motor Company, two-time Trans-Am Champion, selected CASTROL lubricants because they do the job under racing's most demanding conditions. CASTROL XLR with Liquid Tungsten protects today's high-performance engines on the track and on the highway. Try CASTROL XLR; you'll be in good company.
Come to the races—watch Parnelli Jones, George Follmer, Horst Kwetch, and Peter Revson leading Mustang's Trans-Am challenge.
TRANS-AM SCHEDULE
May 11 — Irish Hills, Mich.
May 30 — Lime Rock, Conn.
June 8 — Mansfield, Ohio
June 22 — Bridgehampton, N.Y.
July 6 — Brainerd, Minn.
July 20 — Loudon, N.H.
Aug. 3 — St. Jovite, Canada
Aug. 10 — Watkins Glen, N.Y.
Aug. 24 — Laguna Seca, Calif.
Sept. 7 — Riverside, Calif.
Sept. 21 — Sonoma, Calif.
Oct. 5 — Kent, Wash.
Don't miss the Monterey-Castrol Grand Prix, October 11-12, 1969
Castrol XLR
RACING OIL WITH LIQUID TUNGSTEN
1 U.S. QUART
15
CASTROL OILS, INC. • The Masterpiece in Oils
Newark, N.J.
Kansas City, Mo.
Palo Alto, Calif.
handling s
spoiler are standard. Con
wondering about trunk space
Options include rear spoiler, ba
plated (15 x 7) styled steel wheels.
Objective accomplished. You're invited
ance Corner. Also on display at various Trans-Am events
For your free copy of Ford's 1969 Performance Buyer's Digest, write:
Performance Digest, Department HR, P. O. Box 1000, Dearborn, Michigan 48121.
MUSTANG
Ford

GOODYEAR
POLYGLAS GT
F60-15

BOSS
302
GOODYEAR
POLYGLAS GT — F60-15

BOSS
302
GOODYEAR

Ford
EXHAUST EMISSION CONTROL
POISON
CAUSES
SEVERE BURNS

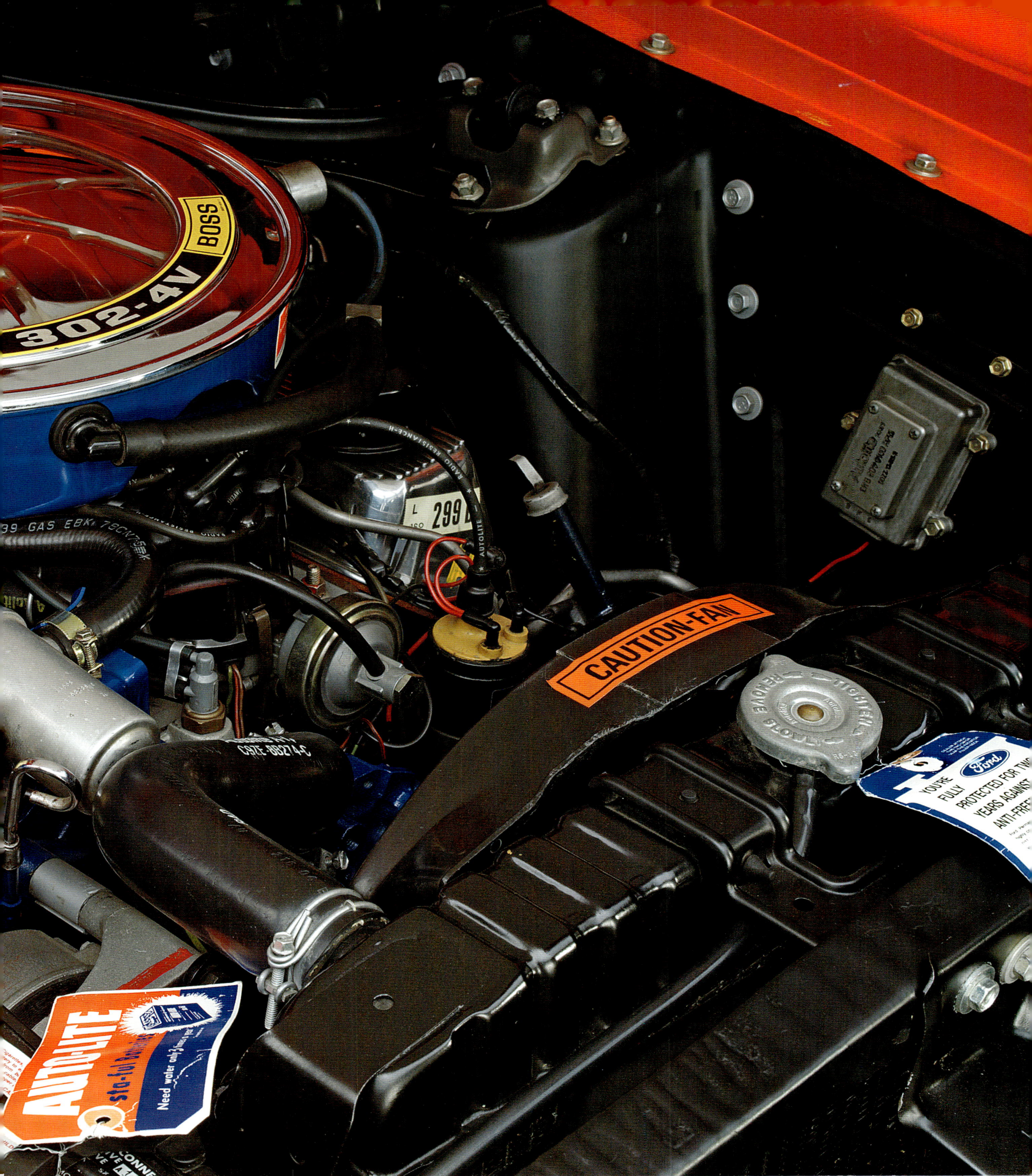
BOSS
302-4V
CAUTION-FAN
AUTOLITE
YOU'RE
FULLY
PROTECTED FOR TWO

GOODYEAR
POLYGLAS GT

GOODYEAR
POLYGLAS GT

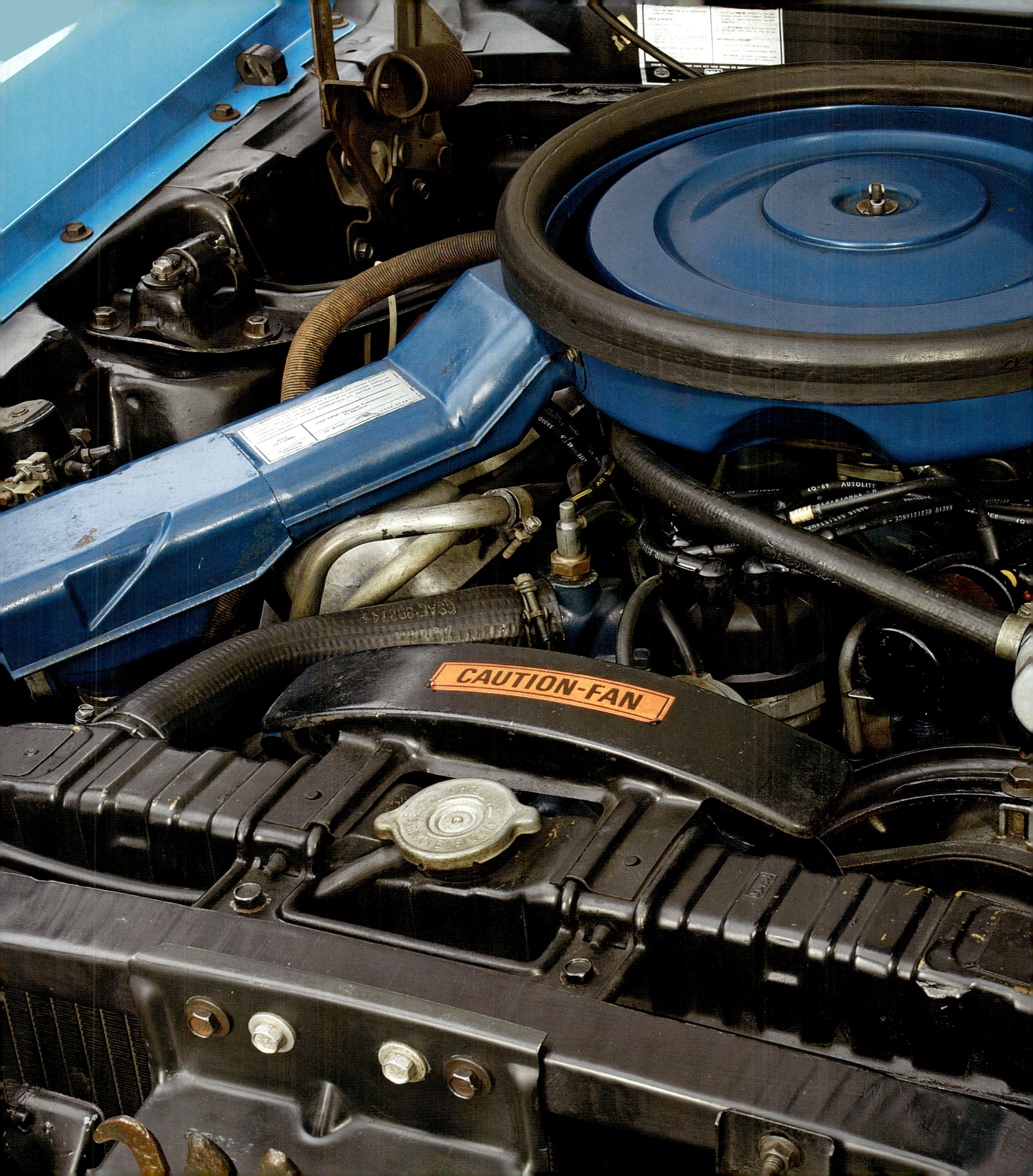
CAUTION-FAN

Kapitel 30

1970 OLDSMOBILE 4-4-2 W-30 CONVERTIBLE

Obere Mittelklasse, gediegen und anständig – Oldsmobile pflegte sein Image über Jahrzehnte. Fest verwurzelt auf halber Höhe der Herstellerhierarchie, war man bei Olds sorgsam darauf bedacht, solide, handwerklich perfekte Autos mit angemessener Leistung und sehr komfortabler Ausstattung zu bauen.

Diese Gleichung ging spätestens in den 1960er Jahren nicht mehr auf. Auch Oldsmobile war gegen den wachsenden Einfluss der PS-versessenen Babyboom-Generation nicht gefeit. Der 4-4-2 gab im Modelljahr 1964 sein Debüt als eine Art Gentleman-Muscle-Car. Luxuriös blieb der 4-4-2 stets, doch mit jedem neuen Jahr kam mehr Leistung hinzu. Als die 1970er Edition zu den Händlern kam, war der 4-4-2, speziell in der Ausführung W-30, einer der kultiviertesten Muscle-Cars am Markt. Er war außerdem einer der Stärksten.

Zur Sonderausstattung W-30 gehörten unter anderem eine Fiberglas-Motorhaube mit Hutzen zur Vergaserversorgung, scharfe Nockenwelle und spezielle Zylinderköpfe. Gute Viertelmeilen-Ergebnisse zählten in Muscle-Car-Land, und mit einer Zeit von 14,2 Sekunden sowie 164 Stundenkilometern lieferte der 4-4-2 W-30 sie.

Im Unterschied zu vielen Muscle-Cars jener Zeit machte der 4-4-2 sogar eine ganz brauchbare Figur in Kurven. Die Ingenieure bei Oldsmobile hatten ganze Arbeit geleistet und das Fahrwerk sowohl komfortabel als auch tauglich für den ganz großen Ampelstart gemacht. Selbst für dichteste Gummi-Qualmwolken musste sich der Olds nicht sehr ins Zeug legen – nicht mit einem Drehmoment von 678 Nm.

Basismotor: 455 cui (7,5 Liter), 365 PS, 678 Nm
W-30: 370 PS, 678 Nm
Basispreis: US-$ 3567,00
Gewicht: 1697 kg
Produktionszahl: 2933
W-30: 264

442
W-30
POLYGLAS — G70-14
GOODYEAR

GOODYEAR
POLYGLAS - G70-14

440
GOODYEAR POLYGLAS - F70-14

PLYMOUTH
1970

'cuda 440
POLYGLAS - F70-14
GOODYEAR

'cuda 440

Kapitel 32

1970 PLYMOUTH AAR 'CUDA

Die meisten Muscle-Cars dienten dem einen Zweck, auf möglichst gerader Strecke möglichst fix eine möglichst hohe Geschwindigkeit zu erreichen. Am besten geeignet waren sie also für den Drag-Strip. Immerhin gab es einige wenige, die imstande waren, auch Kurven mit einer gewissen Souveränität zu nehmen. Die ließen sich auch in den Trans-Am-Rennen der SCCA einsetzen. Auch Plymouth wollte ein bisschen Siegesglanz auf seinen Autos schimmern sehen, sollten sie sich so doch besser verkaufen lassen. Am liebsten bald, denn Konkurrent Chevrolet hatte sich schon zwei Trans-Am-Titel geholt. Ein passendes Auto musste her, schnell, und es musste auf alle Fälle gut bei der Kundschaft ankommen.

Da kommt der AAR 'Cuda ins Spiel. Plymouth verpflichtete den berühmten Rennfahrer Dan Gurney, der den Angriff bei den Trans-Am-Rennen führen sollte. Sein Team, die All American Racers (AAR), stellten einen beeindruckenden Rennwagen auf die Piste. Plymouth wiederum brachte dazu die Straßenversion heraus. Der AAR 'Cuda mit seinem elastischen 5,6-Liter-Motor war jedes Zoll ein Rennwagen. Oben auf dem Motor saß ein Six-Pak mit drei Doppelvergasern, die durch eine große NACA-Öffnung in der Fiberglashaube atmeten. Seitlich vor den Hinterrädern ragten die fetten verchromten Endrohre der Auspuffanlage hervor. Im Gegensatz zu anderen Muscle-Cars nahm der AAR Kurven so gut, wie Detroit das zu bewerkstelligen vermochte. Mit dem Z28 hatte Chevrolet ja bewiesen, dass es für ein PS-starkes Fahrzeug, das mehr als nur Geschwindigkeit brachte, einen Markt gab.

Um dem Serienauto optischen Pep zu verleihen, übernahm Plymouth die Lackierung vom Rennwagen. Dazu gehörten Strobe-Stripes über die ganze Wagenlänge, Spoiler vorn und hinten und Gurneys AAR-Logo am hinteren Kotflügel. Das Auto sah nicht nur schnell aus: von 0 auf 60 Meilen in 5,8 Sekunden, die Viertelmeile mit 160 Stundenkilometern und in 14,4 Sekunden.

Basismotor: 340 cui (5,6 Liter), 290 PS, 468 Nm
Basispreis: US-$ 4340
Gewicht: 1633 kg
Produktionszahl: 2724

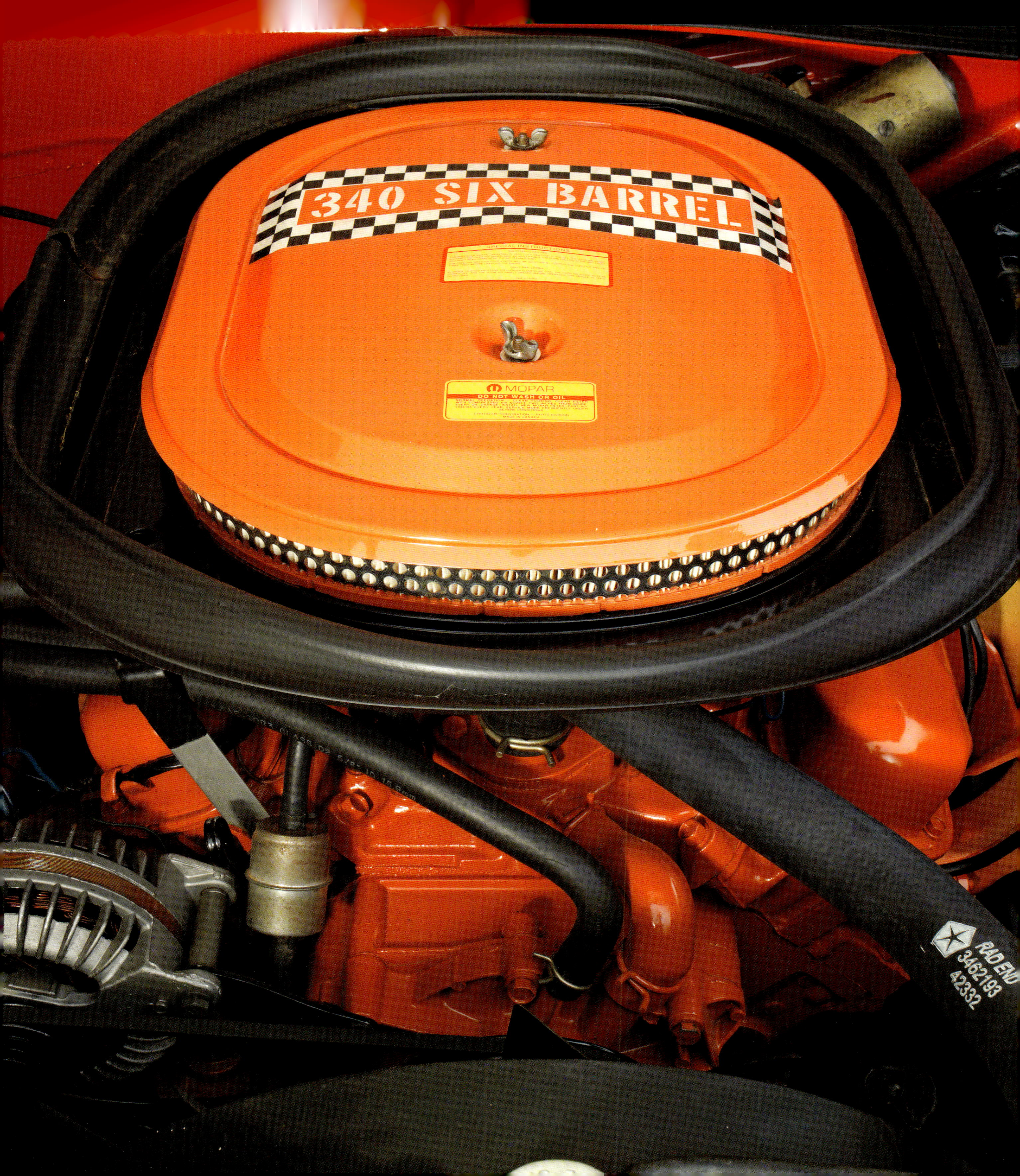
340 SIX BARREL
MOPAR
DO NOT WASH OR OIL
RAD END
3462193
42332

POLYGLAS GT - E60-15
GOODYEAR

CUDA
GOODYEAR
POLYGLAS GT – G60-15

GOODYEAR
POLYGLAS GT – G60-15

Kapitel 33

1970 PLYMOUTH ROAD RUNNER

Ein Auto namens „Sponge Bob" oder „Shaun" (nach dem Schaf)? Kaum vorstellbar, dass heute ein Hersteller allen Ernstes ein Auto nach einer Zeichentrickfigur benennt. 1970 ist genau das passiert. Bei Plymouth nahm man ein aufs Nötigste reduziertes breitschultriges B-Body-Muscle-Car und benannte es nach dem „Road Runner", der damals sehr beliebt war. Chrysler zahlte Warner Brothers 50.000 Dollar für die Vermarktungsrechte. Der Road Runner im Film macht keine Worte, sondern höchstens „Beep-Beep" und ist ansonsten schnell. Das ließ sich – dank einer entsprechenden Spezialhupe – auch für den Plymouth sagen, der allerdings immerhin noch das Knurren, Grollen und Brüllen seines riesigen V8 draufhatte. Ansonsten herrscht die reine Lehre: ein großer Motor auf einer Mittelklasseplattform, eine Fahrtrichtung (pfeilgeradeaus) und ein kleiner Preis. In den Paradedisziplinen für Muscle-Cars war der Road Runner kaum zu schlagen.

Der Magnum 440 mit der begehrenswerten Six-Pak-Ansauganlage lieferte 390 PS und ließ den Road Runner auf einer Drehmoment-Woge von 664 Nm reiten. Auf dem Drag-Strip war er für 14er-Zeiten gut und nach der Viertelmeile mehr als 160 Stundenkilometer schnell. Besitzer von Bigblock-Road Runners und ihre Reifenhändler wurden gewöhnlich schnell dicke Freunde.

Plymouth zeigte auch bei der Farbgebung keine falsche Scheu. Die schreienden Farben verkündeten eine Botschaft: „Dies ist ein sehr schnelles und sehr lautes Auto, und ich will sofort ein Knöllchen wegen zu schnellen Fahrens!" Unter den aktuellen Plymouth-Farben war das hier gezeigte Plum Crazy nicht die unauffälligste. Kein Wagen für Introvertierte. Aber was soll man von einem Auto erwarten, das nach einer Comicfigur benannt ist?

Basismotor: 383 cui (6,3 Liter), 335 PS, 576 Nm
Alternativen: 440 cui (7,2 Liter), 375 PS, 651 Nm;
440 cui (7,2 Liter), 3 Doppelvergaser, 390 PS, 664 Nm;
426 cui (7 Liter), 425 PS, 664 Nm
Basispreis: US-$ 3034
Aufpreis für den 440-6-Motor: US-$ 249,55
Gewicht: 1576 kg
Produktionszahl: 41.484

PLYMOUTH

GOODYEAR
POLYGLAS GT

road runner

road runner
POLYGLAS GT
GOODYEAR

Kapitel 34

1970 PLYMOUTH ROAD RUNNER SUPERBIRD

1969 war der Krieg auf den NASCAR-Strecken voll entbrannt. Torino Talladega und Mercury Cyclone Spoiler II von Ford hatten den Charger 500 im Rennen geschlagen. Dodge schlug mit dem Charger Daytona zurück, doch die zweite Chrysler-Tochter Plymouth blieb außen vor. Dort wollte man auch ein geflügeltes Auto, um auf der Rennpiste wieder ernsthaft mitspielen zu können. Chrysler war einverstanden, und das Unternehmen enthüllte für 1970 den Road Runner Superbird.

7,2-Liter-V8 und einzelner Vierfachvergaser lieferten Kraft im Überfluss. Es standen der 440-6 und der 426 Hemi zur Verfügung. Waren die Motoren schon aufregend, war es das Auto selbst erst recht. Dem Superbird war die Aufmerksamkeit des Publikums sicher, wenn er mit mehr als 300 Sachen durch die Ovale schoss. Hinsichtlich der Karosserie hatte er keine Gemeinsamkeiten mit seinem Cousin, dem Daytona, immerhin stammten Motorhaube und vordere Kotflügel vom Dodge Coronet. Die markante Nase und der riesige Heckflügel waren spezielle Superbird-Teile. Dazu kam natürlich das nette Image der schnellen Zeichentrickfigur „Road Runner", die dem Rennkuckuck nachempfunden ist.

Als sei die Form des Wagens nicht schon genug, lackierte Plymouth sie in aufregenden Farben wie Corporation Blue und Lemon Twist wie bei den hier gezeigten Exemplaren. Knallige Farben für ein schnelles Auto: Auf der Viertelmeile wurde der Supervogel binnen 14,26 Sekunden 167 Stundenkilometer schnell. Dank des extrem kleinen Luftwiderstands ließ sich der Superbird bis an die Leistungsgrenze des Motors beschleunigen.

Auf der Rennstrecke erfüllte der Superbird die Erwartungen, die Plymouth in ihn gesetzt hatte und brachte im Jahr 1970 beim Daytona 500 den Sieg nach Hause. Eine gute Figur machte er allerdings nur auf der Rennstrecke. Das Publikum goutierte das exzentrische Äußere nicht, und die Autos standen teils Monate lang bei den Händlern. Heute sieht das ganz anders aus.

Basismotor: 440 cui (7,2 Liter), 375 PS, 651 Nm
Alternativen: 440 cui (7,2 Liter), 3 Doppelvergaser, 390 PS, 664 Nm;
426 cui (7 Liter), 431 PS, 651 Nm,
Basispreis: US-S 4298,00
Gewicht: 1742 kg
Stückzahl: 1935

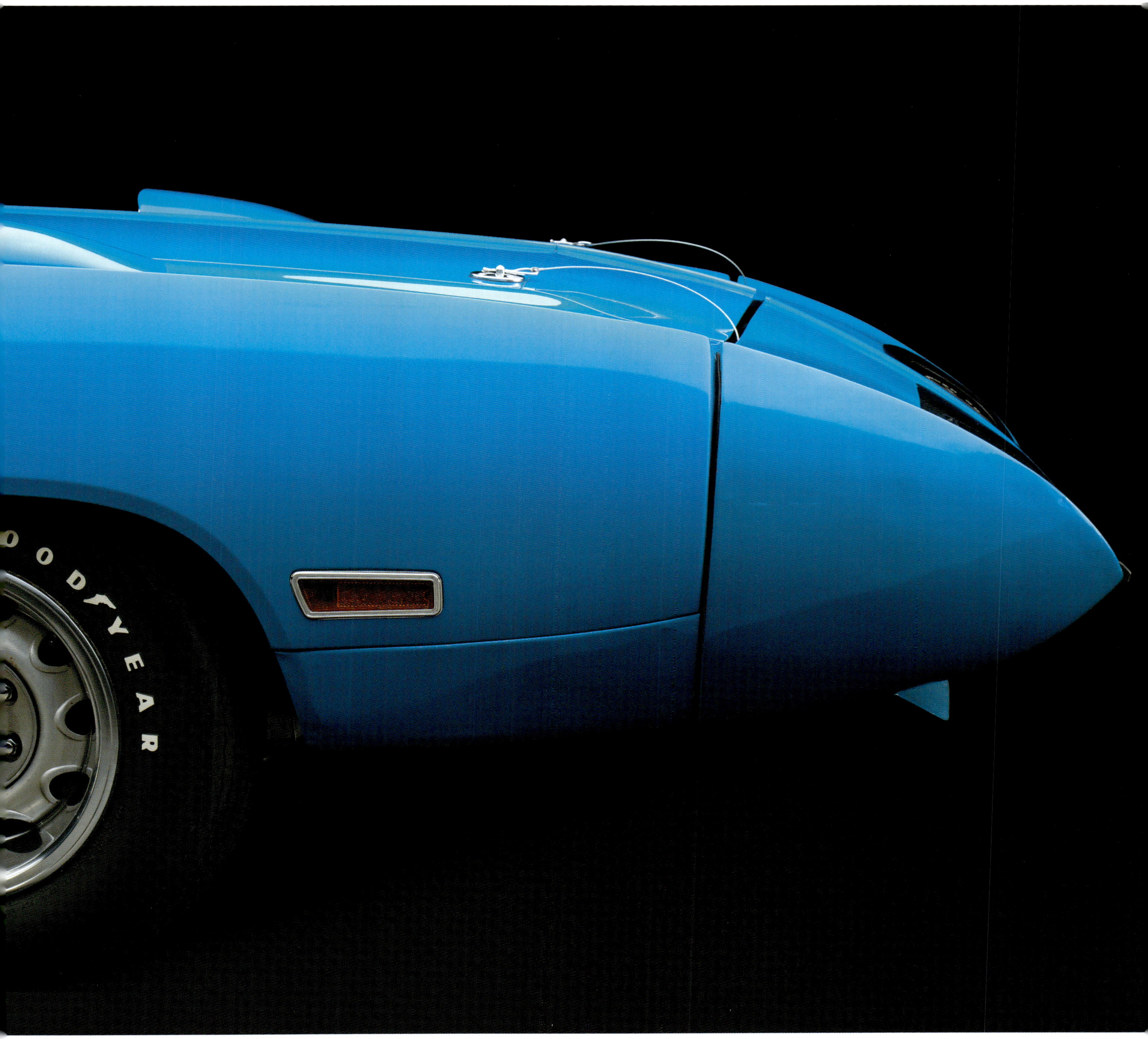
GOODYEAR

ROAD RUNNER
SUPERBIRD
Plymouth
GOODYEAR
POLYGLAS GT - F60-15

440 SIX BARREL

GOODYEAR
POLYGLAS GT - F60-15

ROAD RUNNER
SUPERBIRD

ROAD RUNNER
SUPERBIRD

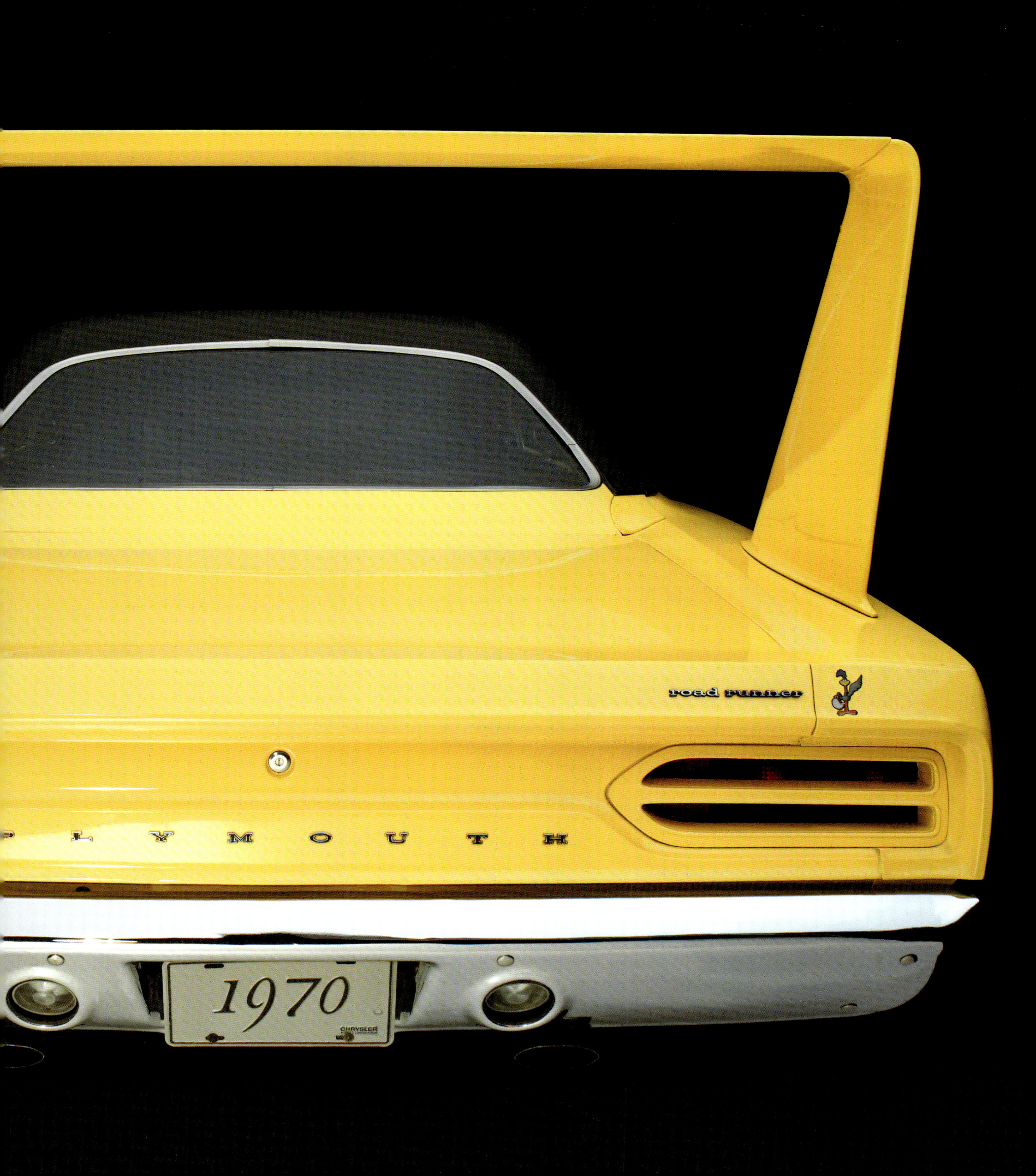
road runner
1970
CHRYSLER

ELECTRONIC
VOLTAGE REGULATOR
SUPER COMMA

WARNING
ALWAYS MAKE SURE COOLANT HAS
PROPER AMOUNT OF CHRYSLER ANTI-
FREEZE SEE OWNER'S MANUAL FOR
COOLING SYSTEMS RECOMMENDATIONS

ROAD RUNNER
SUPERBIRD
Plymouth

Kapitel 35

1970 PONTIAC GTO JUDGE CONVERTIBLE RAM AIR IV

Einmal ein König sein. Oder der Judge, zu Deutsch: der Richter. Wo immer ein GTO Judge mit den magisch wirkenden „Ram Air IV"-Aufklebern auftauchte, sorgte er unweigerlich für Aufsehen. Wer nicht gerade selbst über ernsthaftes Schwermetall in Form eines LS6 oder eines Hemi unter der Haube verfügte, brauchte sich mit dem Judge gar nicht erst anzulegen. Er genoss einen Ruf wie Donnerhall.

Die Leistung des GTO Ram Air IV mit seinem 400-cui-V8 gab Pontiac mit 375 PS an — sage noch einmal einer, Marketingtypen hätten keinen Sinn für Humor. Und das Drehmoment bezifferten sie auf 603 Nm – in Wahrheit waren es wohl eher an die 680. Damit lassen sich nicht nur redensartlich Bäume ausreißen. Und in Wahrheit stemmte der V8 wohl auch eher 456 PS auf die Hinterräder. 14er-Zeiten und mehr als 160 Stundenkilometer auf der Viertelmeile waren jedenfalls nichts für Anfänger

Pontiac verdiente mit dem Ram Air IV GTO Judge keinen Cent. Im Gegenteil, pro Exemplar entstand dem Unternehmen ein Verlust von fast 1000 Dollar, bei den ultra-seltenen Cabrios noch mehr. Unterm Strich aber machte sich das Experiment bezahlt, weil der Image-Effekt für Pontiac unbezahlbar war.

Der extreme Judge sorgte vom Tag seiner Ankündigung an für größtes Aufsehen. Pontiac musste ganz schnell mit etwas ganz Besonderem aufwarten, und als der Judge dann seine ersten Auftritte hatte, sprach sich seine Leistung schnell herum. In der Folge stieg der Absatz von GTO aller Leistungsstufen sprunghaft. Vom Ram Air IV verkaufte Pontiac am Ende bloß 804 Stück, aber so wenig präsent er vielleicht auf der Straße war – in der Presse war er das brandheiße Thema.

Richtig selten sind aber die Cabrios dieser Baureihe, und unter ihnen naturgemäß die mit dem Ram Air IV: Es wurden nur elf Stück gebaut.

Für Pontiac lohnte es sich nicht, den Ram Air IV mit ins Modelljahr 1971 hinüberzunehmen. Damit war 1970 das letzte Jahr für diesen bulligen Motor.

Basismotor: 400 cui (6,55 Liter), 366 PS,603 Nm
Daten für Ram Air IV: 375 PS, 603 Nm
Basispreis: US-$ 3829,00
Aufpreis für Ram Air IV: US-$ 905,75
Gewicht: 1678 kg
Produktionszahl: 168 Judge Cabrios
Mit Ram Air IV: 11

GTO

Firestone
WIDE OVAL

RAM AIR IV
THE JUDGE
WIDE OVAL
FIRESTONE

WIDE OVAL

Teil 3

DIE LETZTEN JAHRE

Jedes Jahr mehr Pferdestärken, jedes Jahr mehr Meilen pro Stunde – das waren die Sechziger. Zu Beginn der 1970er Jahre jedoch begann es sich herumzusprechen, dass wohl irgendwann einmal Schluss sein müsse mit dem großen Rausch. Die Ära des US-amerikanischen Muscle-Cars neigte sich dem Ende zu. Zum einen war das Tempo der technologischen Entwicklung nicht durchzuhalten. In den 15 Jahren zwischen der Einführung des Oldsmobile Rocket 88 und der Vorstellung des 426 Street Hemi von Chrysler hatte sich der kopfgesteuerte Stößelstangen-V8 von einem Antriebsaggregat mit 135 PS zum feuerspeienden 500-PS-Monster gewandelt. Mal angenommen, die Ingenieure hätten das im gleichen Maß und im gleichen Tempo weiter duchziehen können, wäre der Chevy-Smallblock von heute über 250.00 PS stark.

Es gab natürlich weitere Faktoren: die in die Jahre gekommene Babyboom-Generation, exorbitante Versicherungsprämien, explodierende Spritpreise und staatlich verordnete Abgaskontrollen, die niedriger verdichtete und kastrierte Motoren erzwangen. Zu allem Übel mussten ab 1972 die Hersteller die Motorleistung nach dem SAE-Nettosystem angeben, was zwar ehrlicher war, aber eben auch erheblich kleinere Zahlen ergab. (Die alten „SAE-gross-horsepower" wurden ohne Nebenaggregate unter Idealbedingungen auf dem Prüfstand ermittelt.) Es schien, als würden die US-Muscle-Cars zur Hölle geschickt – und, schlimmer noch, die USA gleich mit.

Nach der Ermordung von Präsident John F. Kennedy, kurz nachdem der erste GTO bei Pontiac vom Montageband gelaufen war, begann sich die gesellschaftliche Situation im Lande zu verschlechtern. Im kommenden Jahrzehnt verstrickte sich das Land in einen unpopulären Krieg, in Städten überall im Lande kam es zu gewaltsamen Protesten, und der Präsident der Vereinigten Staaten trat im Zusammenhang mit der Watergate-Affäre zurück. Zu der Zeit, als die letzten originalen Muscle-Cars – der SD455 Trans Am und der Formula von Pontiac – von den Bändern rollten, brauchten die Käufer jedes einzelne der 290 SAE-Netto-PS, um dem Chaos zu entrinnen, in dem sich das Land befand.

426 HEMI

Kapitel 36

1971 JAVELIN 401

Die Gesetzeshüter befanden sich in einem Dilemma: Die Verbrecher fuhren fast immer schnellere Autos als die Polizei. Selbstverständlich waren kriminelle Elemente schon immer darauf bedacht, mit schnellen Fahrzeugen möglichst rasch vom Tatort zu verschwinden. Die Polizei fuhr in der Regel aufgewärmte Limousinen – ideal dafür, einen der seltenen Touristen an den Straßenrand zu drängen, der soeben aufs kriminellste das 20-Meilen-Limit auf der Hauptstraße irgendeines Nests missachtet hatte. Doch die wirklich schweren Jungs, besonders die im Süden, fuhren Automobile, die es faustdick unter der Haube hatten. Keine Chance für normale Polizeischlitten.

Bei der Alabama State Police hatten die Beamten irgendwann die Nase voll. Wenn man den Gegner nach den Regeln nicht schlagen konnte, dann mussten eben die Regeln geändert werden. Die Behörde besorgte sich bei AMC Reinhart in Montgomery einen AMX mit Vinyldach, setzte ein Blaulicht aufs Dach und ging auf Tour. Die State Troopers durften das Fahrzeug unter realen Bedingungen testen. Es kam gut an, aber der AMX war teuer.

Als das Alabama Department of Public Safety Einsatzwagen für 1971 bestellte, reichte es gerade für 71 neue Javelin AMX für die Highway Patrol. Zehn Wagen kamen als nicht gekennzeichnete „Pursuit Cars", also als „Verfolgungsfahrzeuge" zum Einsatz. Sie hatten den gleichen großen Heckspoiler auf der Kofferraumklappe wie die gekennzeichneten Fahrzeuge. Für 1972 wurden dann 62 Javelin SST bestellt. Die Trooper liebten dieses Auto, gegen das praktisch niemand eine Chance hatte.

Ein leicht frisierter Polizei-Javelin der Polizei wurde mit knapp 250 Stundenkilometern gemessen. Der 6,6-Liter-V8 mit 335 PS mit Borg-Warner-Dreistufen-Automatik erwies sich obendrein als verblüffend zuverlässig, selbst unter der Tortur des täglichen Polizeidienstes. Bremsen, Fahrwerk und Motor waren schließlich für Fuhrpark-Autos geschaffen worden – ein Euphemismus für „Schwerlastbetrieb".

Zwei Jahre lang nutzte Alabama den Javelin als Streifenwagen. Zwei Jahre, in denen so mancher Möchtegern-Gauner hinter Gitter kam. Es war das erste Mal, dass eine Polizeibehörde ein veritables Muscle-Car zum Dienstwagen machte. Andere Bundesstaaten wurden auf den Erfolg des Programms aufmerksam und taten es Alabama gleich. Ein Punkt für die Guten!

Basismotor: 360 cui (5,9 Liter), 248 PS
Alternative: 401 cui (6,6 Liter), 335 PS
Aufpreis für den 401-Motor: US-$ 137
Basispreis: US-$ 3432
Gewicht: 1471 kg
Stückzahl: 2054
Polizeiwagen Javelin AMX 401: 133

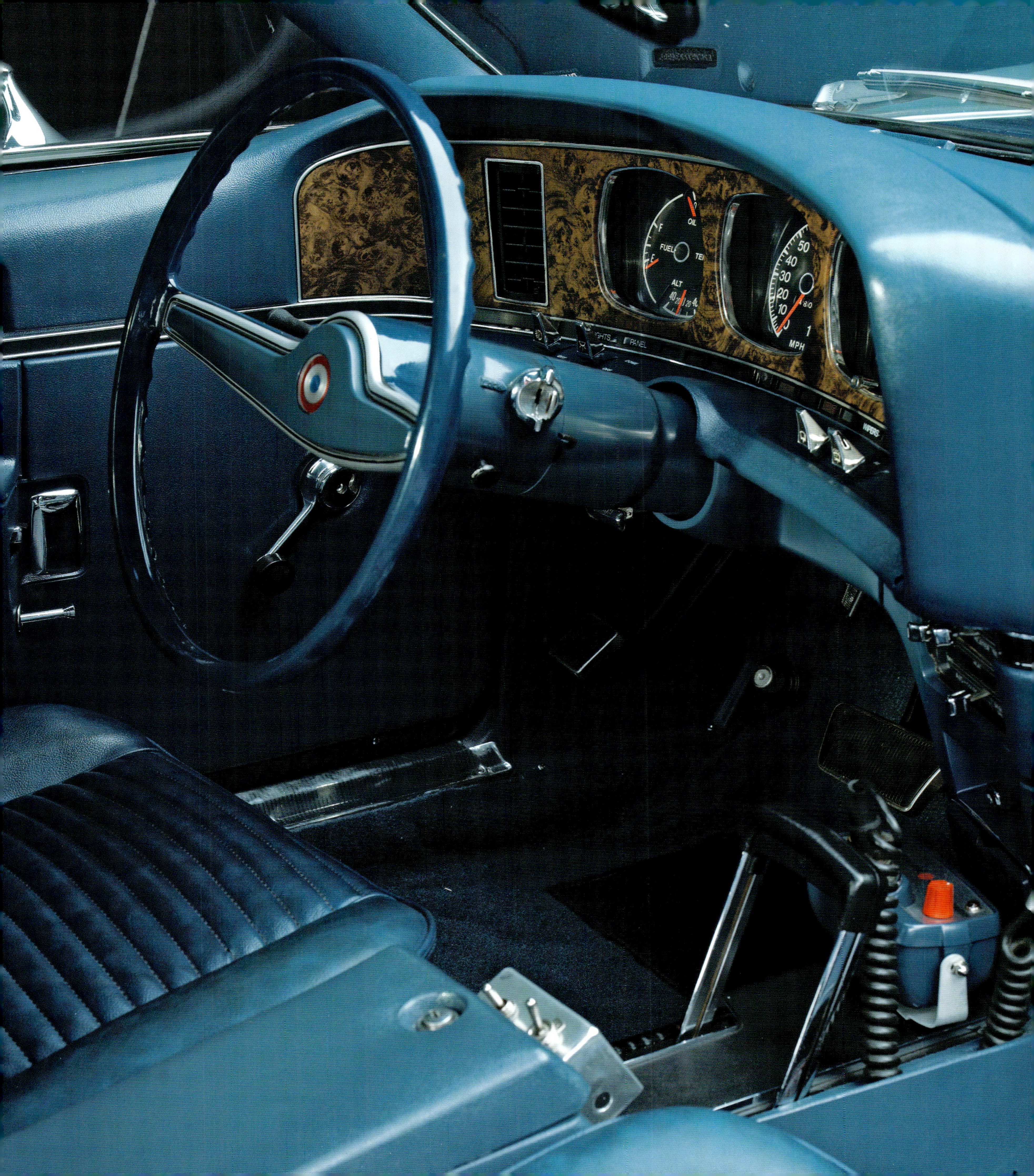
OIL
FUEL
ALT
MPH
PANEL
WIPERS

GOODYEAR
EAGLE GT II

STATE
TROOPER
401
DPS 456
ALABAMA

ALABAMA
STATE
TROOPER
STATE TROOPER
401
EAGLE GT II
GOODYEAR

ALABAMA
35-11684

AC

Kapitel 37

1971 CHEVROLET EL CAMINO SS 454

1971 befand sich Chevrolet in einer Zwangslage. Selbst PS-Fanatiker wandten den Muscle-Cars unter dem wachsenden Druck der Versicherer immer häufiger den Rücken zu. Es wurden immer weniger verkauft. Als es in der Chefetage grünes Licht für den 1971er-Jahrgang gegeben hatte, war jedoch Leistung noch Trumpf gewesen. Also ging Chevy mit einigen ziemlich dicken Dingern ins 1971er-Modelljahr. Die neuen strengeren Emissionsvorschriften hatten immerhin schon ihren Tribut gefordert: Die PS-Zahlen waren nicht mehr so astronomisch hoch wie noch im Vorjahr. Immer noch gab es etwa den El Camino SS mit der Drehmomentwoge eines 454ers. Der 7,4-Liter-Motor hatte aber Pferdestärken eingebüßt.

Der noch im Vorjahr angebotene gewaltige LS6-V8 wurde Opfer der Umweltschutzgesetzgebung. Er stand zwar noch auf der Preisliste, aber im Modelljahr 1971 wurde kein einziger Wagen damit gebaut. So stattete Chevrolet den 1971er El Camino SS 454 mit dem Bigblock LS5 aus, einem Grauguss-V-8 mit einem Verdichtungsverhältnis von 8,5:1, mit 379 PS und 630 Nm Drehmoment. Damit schaffte der Schnelltransporter die Viertelmeile immer noch in 14,7 Sekunden und erreichte 150 Stundenkilometer. Der El Camino Pickup basierte auf dem Chevelle und hatte den gleichen Wagenbug inklusive der neuen Einzel-Scheinwerfer. Auch die Innenausstattung wurde vom Chevelle übernommen, was die Kosten in Grenzen hielt. Die Super-Sport-Modelle trugen das SS-Signet innen und außen. Nur die 454er verrieten per Schriftzug auch die Motorgröße. Nach dem 71er-Jahrgang sollte es leider nie wieder einen El Camino mit dieser Leistung geben. Im Jahr darauf fiel endgültig der Hammer für die Muscle-Cars. Mit den Verdichtungswerten gingen auch die Leistungsdaten in den Keller. Der 1971er El Camino war in der Tat der Letzte seiner Art.

Basismotor: 454 cui (7,4 Liter), 379 PS, 630 Nm
Basispreis: US-$ 2850
Gewicht: 1837 kg
Stückzahl: 36.942 (V8)
El Caminos mit 454er: 9502

COWL INDUCTION
SS
GOODYEAR EAGLE ST

COWL INDUCTION

EAGLE ST
GOODYEAR

STANDARD HEATER HOSE

Kapitel 38

1971 DODGE CHALLENGER R/T 440-6 „BARN FIND"

Der Challenger, Dodges Antwort auf Mustang und Camaro, debütierte 1970. Mit langer Motorhaube und kurzem Heck war er ein klassisches Pony-Car. Dodge hatte jedoch von vornherein sichergestellt, dass er auch ordentlich Bums unter der Haube hatte. Die Schärfe der Motoren reichte von mild bis extrem wild. Obwohl der 426 Hemi im Mittelpunkt der Aufmerksamkeit stand, wussten Kunden mit Köpfchen, dass der 440er die richtige Wahl war, wenn man einen zuverlässigen, leistungsstarken Motor wollte, der nicht vor jedem Wochenende neu eingestellt werden musste. 1971 gab es den Challenger übrigens nicht mehr als Cabrio.

Dieser 1971er Challenger R/T hat den großen 440er RB-Block mit dem Sahnehäubchen obendrauf: dem berühmten Six-Pak – fantasievoller Name übrigens für drei Doppelvergaser. Meist lief er nur mit dem mittleren Vergaser. Sobald der Fahrer richtig aufs Gas ging, öffneten auch die beiden äußeren die Flutventile, und viel Benzin strömte in Richtung Brennräume – mit dem bekannten und erwarteten spektakulären Ergebnis.

Von großen Motoren wird ordentlich Leistung erwartet. Da war der 1971er Challenger R/T 440-6 keine Enttäuschung. Er schaffte die Viertelmeile in 13,4 Sekunden und mit einem Top-Speed von 172 Stundenkilometern. Ein schicker Wagen – und jederzeit imstande, einen zu Tode zu erschrecken. Jedenfalls spätestens dann, wenn der Fahrer versuchte, ihn aus dieser Geschwindigkeit zum Halten zu bringen. Aber Dodge hatte den Challenger R/T erst in zweiter Linie zum Bremsen gebaut.

Das hier gezeigte Beispiel ist unser aller Traum – ein Auto im Originalzustand, das jahrelang ungestört warm und trocken in einer Scheune gestanden hat. Mit Viergang-Schaltgetriebe, Shaker-Haube und Vinyldach wartet er nur darauf, wieder gefahren zu werden. Wirklich originale Muscle-Cars werden immer seltener und immer wertvoller.

Basismotor: 383 cui (6,3 Liter), 250 PS (SAE netto), 441 Nm (SAE netto)
Das Fotomodell mit 440-6 leistet 385 PS (SAE gross), 664 Nm (SAE gross)
Basispreis: US-$ 3273
Gewicht: 1585 kg
Stückzahl: 3814
Produktionszahl mit 440-6-Motor: 250

SIX PACK

SIX PACK

VCH 836

Kapitel 39

1971 DODGE CHARGER R/T 426 HEMI UND 440 MAGNUM

Als diese Modelle des 1971 Charger R/T gebaut wurden, war das Ende der Muscle-Car-Ära in Sicht. Die seltensten Exemplare waren die mit den letzten mächtigen Hemi-Motoren. Der hier abgebildete im angemessen leuchtenden Farbton Hemi Orange mit weißem Dach war der erste von 63 Charger mit Hemi-Motor, die im Modelljahr 1971 gefertigt wurden. Der Wagen mit dem schwarzen Dach lief als zweiter Hemi vom Band. Der erste Wagen ist ein SE-Modell, ausgestattet mit restlos allem, was Chrysler zu bieten hatte, inklusive Schiebedach und Diktiergerät. Das zweite Auto diente als Fotomodell für Werbematerial und weckte in den Herzen vieler junger Leute die Lust am Auto. Leider hatten nur wenige der jungen Leute die erforderlichen mehr als 4000 Dollar.

Lang und geduckt hieß das Motto für die neue Karosserie, die im Gegensatz zur alten, eher kantigen, jetzt sinnliche Kurven aufwies. Im Unterschied zu den meisten Motoren des 1971er Jahrgangs hatte der 426 Hemi seine 431 PS Leistung behalten. Es gab zwei Getriebe-Varianten, und unsere Fotomodelle sind Beispiele für beide: Wagen 1 hat die Torqueflite 3-Stufen-Automatik (33 Stück wurden in dieser Kombination gebaut), Wagen 2 den Viergang-Handschalter (30 Stück).

Obwohl es meistens um den schier unglaublichen 426er Hemi-Motor ging, wenn vom Charger die Rede war, bestellten die meisten Leute den 1971er R/T mit dem überaus leistungsfähigen 440er. Der stand in zwei Varianten zur Verfügung—mit einem Magnum-Vierfachvergaser (370 PS) und mit drei Doppelvergasern im Six-Pak (385 PS). Der hier abgebildete gelbe Wagen hat den Magnum-Motor.

Das Magazin *Motor Trend* fuhr einen Super Bee, den Cousin des Charger R/T, mit Hemi in 13,73 Sekunden über die Viertelmeilendistanz und erreichte 167 Stundenkilometer. Wir reden hier über einen Zweitonner-Pkw mit zeitgenössischer Straßenbereifung. Die Hemi-Modelle waren mit einem Rallye-Fahrwerk, stärkeren Bremsen und Dämpfern und mit der ausfahrbaren Ramcharger-Hutze auf der Motorhaube ausgestattet. Der 1971 Charger R/T Hemi sprach optisch eine klare Sprache – konnte sich die große Klappe aber auch leisten.

Basismotor: 440 cui (7,2 Liter), 370 PS, 651 Nm
Daten für den 426 Hemi: 429 cui (7,0 Liter), 431 PS, 664 Nm
Basispreis: US-$ 3777
Aufpreis für den Hemi-Motor: US-$ 707
Gewicht: 1672 kg
Stückzahl: 3118
Mit dem 426 Hemi: 63

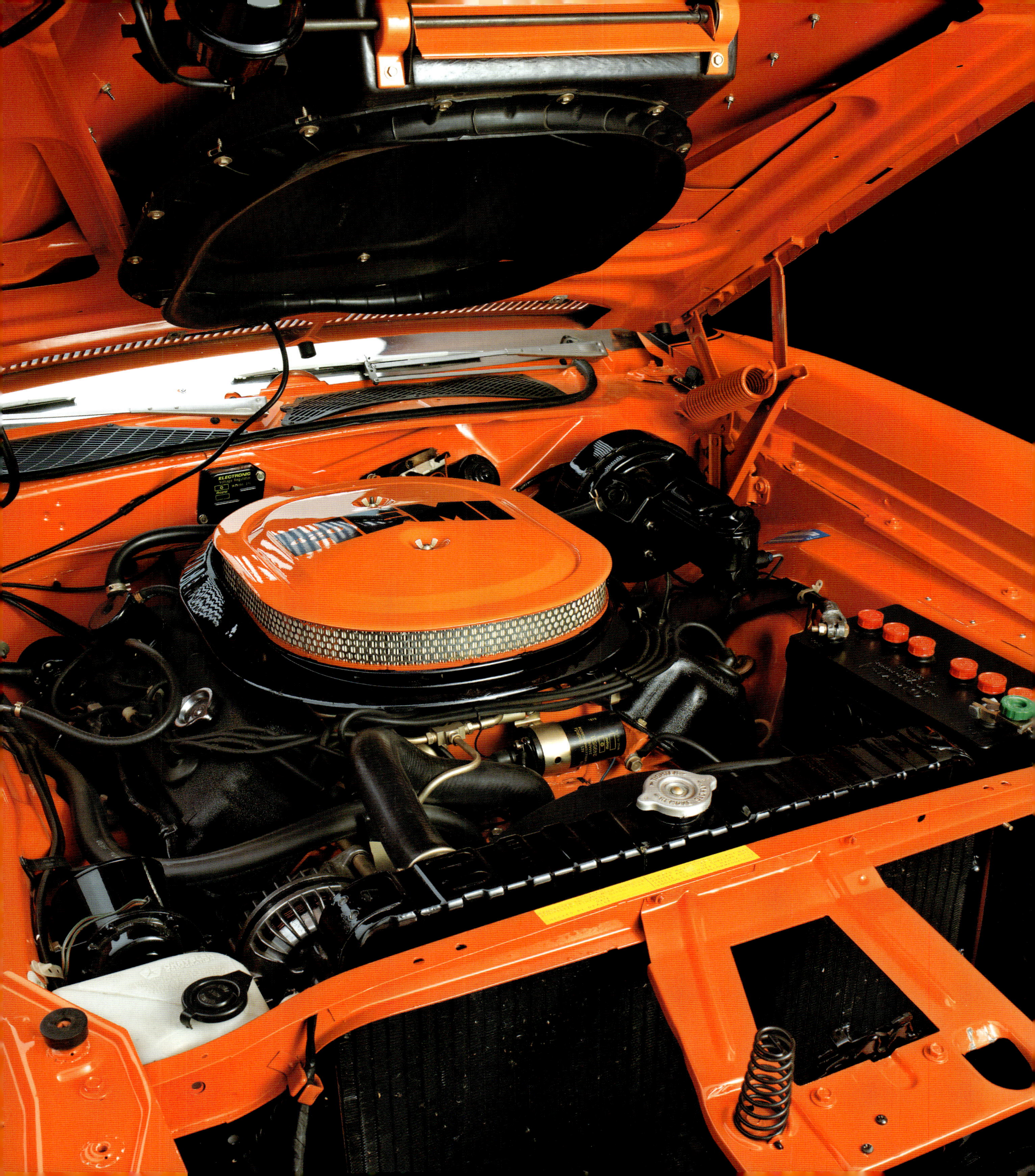
ELECTRONIC
Voltage Regulator
Mopar

POLYGLAS GT - G60-15
GOODYEAR

GOODYEAR
POLYGLAS GT - G60-15

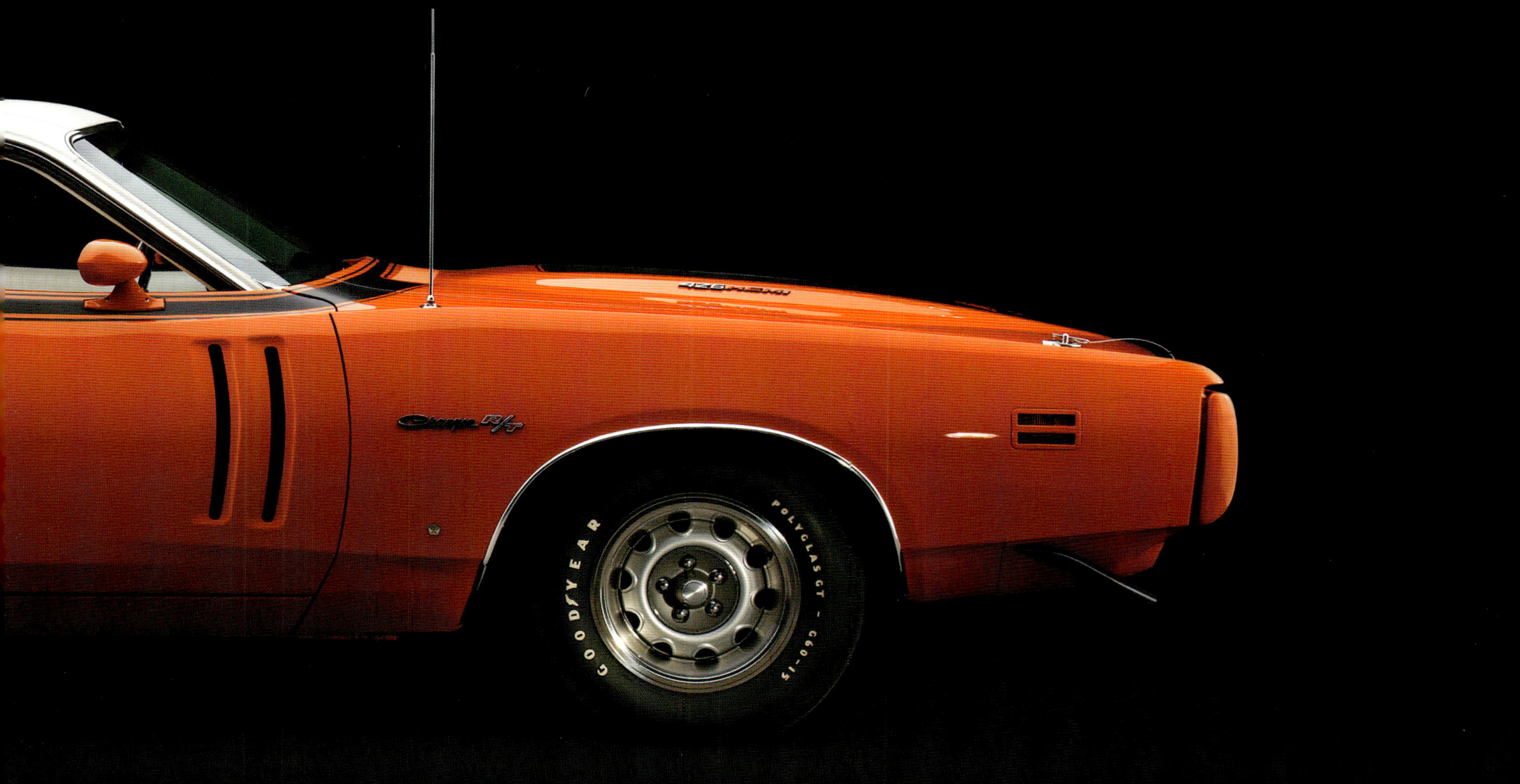
GOODYEAR
POLYGLAS GT - G60-15

POLYGLAS GT - G60-15
GOODYEAR

DODGE

DODGE

POLYGLAS
GOODYEAR

440 MAGNUM

1971
GOODYEAR
POLYGLAS - F70-14

Charger R/T

440 MAGNUM
R/T

ELECTRONIC
Voltage Regulator
3438150 271
mopar

MAGNUM

Kapitel 40

1971 DODGE CHARGER SUPER BEE

Mit der Einführung des 1971er Charger wurde der Super Bee von einem eigenständigen Modell zu einem Optionspaket für das Grundmodell. Das Prinzip blieb das gleiche: höchstmögliche Leistung bei kleinstmöglichen Kosten. Der Standard-383er hatte sich bestens bewährt. Er war das ideale Kraftwerk für ein Fahrzeug, das für ein hartes Dasein bestimmt war.

Kunden, die von allem mehr wollten, entschieden sich in der Regel für die 440er-Version. Mit dessen gewaltigem Drehmoment waren sie imstande, den Hintermann in einer dichten Wolke aus verbranntem Gummi stehenzulassen – ohne dazu den Motor ernsthaft bemühen zu müssen. Wem es auf Top-Fahrleistungen ankam, nahm jedoch den 426 Hemi. Den gab es immer noch, und er taugte nach wie vor dazu, die eigene Kraftübertragung schwer zu misshandeln und auf Kommando Tanks im Rekordtempo zu lenzen. Unabhängig von der Motorgröße war der Super Bee schon rein äußerlich eine Kampfansage. Wuchtige Erscheinung, wagenbreiter Grill und angriffslustiges Grollen machten jedermann klar, dass es sich kaum lohnte, sich mit so einem anzulegen.

Das Super-Bee-Paket gab es so übrigens nur ein Jahr lang. Die Kosten hielt Dodge mit einfachen Sitzen und einem Dreigang-Getriebe mit Mittelschalthebel klein. Für Kunden mit genügend Kleingeld gab es aber auch eine schier endlose Liste mit Zusatz-Ausstattungen. Kunden etwa, denen es darum ging, die Viertelmeile in 13,7 Sekunden und mit 167 Stundenkilometern zurückzulegen, waren mit dem Hemi bestens bedient.

Leider wurde der Super Bee Opfer des zusammenbrechenden Marktes für Muscle-Cars. Das Jahr 1971 sollte sein letztes sein, und das galt auch für den 426 Hemi. Am Ende bedurfte es keiner Experten mehr: Die Dodge-Verantwortlichen mussten nur einen Blick auf die wöchentlichen Verkaufszahlen werfen, um festzustellen, dass ihre Muscle-Cars bei den Händlern Staub ansetzten. Im Handumdrehen zogen sie den Stecker.

Basismotor: 383 cui (6,3 Liter), 1 Vierfachvergaser, 300 PS, 556 Nm
Alternativen: 440 cui (7,2 Liter), 1 Vierfachvergaser, 375 PS, 651 Nm;
440 cui (7,2 Liter), 3 Doppelvergaser, 390 PS, 664 Nm;
426 cui (7 Liter), 2 Doppelvergaser, 425 PS, 651 Nm
Basispreis: US-$ 3271
Gewicht: 1837 kg
Stückzahl: 5054

Dodge
CHRYSLER MOTORS CORPORATION
DODGE
DODGE CHARGER
1971 CHARGER SUPER BEE
The run of the mills is anything but run of the mill.
One great shape. Two great ways to go. First, Charger Super Bee (above), the budget way. Budget, yes—austerity, no. Super Bee's standard mill is the 383 Magnum V8 with free-breathing heads right off the 440 Magnum. It thrives on regular-grade gas and delivers all its energy through a slick, three-speed, all-synchro three-on-the-floor. Yes, Super Bee also has heavy-duty suspension and brakes; Rallye Instrument Cluster; plus F70x14 wide-tread, whitewall, bias-belted tires; and a bench-type front seat. And what's wrong with that? Now let us proceed to the "all-stops-out" Charger R/T below. This one's a bit different. Its standard mill is the formidable Dodge 440 Magnum—the transmission, the three-speed TorqueFlite automatic. And you know all about them. Charger R/T gives you bucket seats up front; extra-heavy-duty suspension; heavy-duty brakes; G70x14 wide-tread, raised white letter, bias-belted tires; special paint and stripes. So you see that if you have the urge, we have the Charger for you. Super Bee or R/T. Check your budget again. Then try them both at your nearby Dodge Dealer's. Either way, you can't lose.
Run with the Dodge Scat Pack
1971 CHARGER R/T

SUPER BEE
DODGE
MOTOR TREND
TEST CAR

SUPER BEE

ALABAMA
VCH 542
Vintage Vehicle

RAD END
2806186 EB

GOODYEAR

GOODYEAR

426 HEMI
1971

Kapitel 41

1971 OLDSMOBILE 4-4-2 W-30

Oldsmobile gehört nicht unbedingt zu den Marken, die einem als erste einfallen, wenn es ums Thema Muscle-Cars geht. Den potenten 4-4-2 zu ignorieren, wäre aber eine grobe Unterlassung. Noch 1971, als bereits jedem klar war, dass schiere Leistung schon bald ein Thema von gestern würde, schien das für den 4-4-2 noch lange nicht zu gelten – und mit der Option W-30 gab es sogar noch eine Schippe drauf.

Um neue Umweltschutz-Vorschriften einzuhalten, reduzierte GM 1971 die Verdichtung der Motoren, worunter die Leistung des 4-4-2 W-30 litt. Muldenkolben verringerten das Verdichtungsverhältnis auf 8,5:1, wodurch Muscle-Cars mit verbleitem Normalbenzin fahren konnten.

Allerdings stemmten die enormen 7,5-Liter-Motoren nach wie vor riesige Mengen Drehmoments auf die Hinterräder, und darauf kommt es ja letzten Endes an. Selbst mit der geringeren PS-Leistung beschleunigte der große Motor den 4-4-2 W-30 in nur 6,5 Sekunden auf 60 Meilen, und auf der Viertelmeile war er für 14,8 Sekunden und 158 Stundenkilometer gut.

Luftfilter und Auspuffanlage, die Ansaugluft und Abgasen wenig Widerstand entgegensetzten, Alu-Ansaugbrücke und Stauluft aus den Hutzen auf der Motorhaube sorgten für mehr als ausreichende Kraft. Im Werk war man darauf bedacht, jedes zusätzliche PS herauszuholen. Oldsmobile führte gar eigens für diesen Motor die Ventilrotation ein, um lokale Überhitzung zu vermeiden.

Der Oldsmobile 4-4-2 W-30 war trotz seiner brutalen Kraft wunderbar angenehm zu fahren.

Basismotor: 455 cui (7,5 Liter), 340 PS, 501 Nm
W-30: 455 cui (7,5 Liter), 350 PS, 624 Nm
Basispreis: US-$ 4000
Aufpreis für W-30: US-$ 347,56
Gewicht: 1642 kg
Stückzahl: 920 (allesamt 4-4-2 W-30)

442

442
W-30
WIDE OVAL
FIRESTONE

WIDE OVAL
Firestone

Kapitel 42

1971 PLYMOUTH HEMI 'CUDA

Schluss mit lustig. 1971 mussten auch die Plymouth-Leute die Zeichen der Zeit erkennen: Was gestern noch die naive Freude an der schier unbegrenzten Kraftentfaltung war, würde morgen nurmehr als sozial verantwortungsloser Spaß gelten. Dennoch ging der E-Body-'Cuda ganz nassforsch in sein zweites Jahr, randvoll mit Pferdestärken und mit angemessen halbstarkem Auftritt.

Bevor der 426 Hemi endgültig die Bühne zu verlassen hatte, sollte er noch einmal einen großen Auftritt haben. Der allerdings vor allem als Reklame und somit dazu diente, die übrigen Mitglieder der Barracuda-Familie zu verkaufen, denn mit den paar Hemi-Elefanten, die sich noch an den Mann bringen ließen, verdiente Plymouth keinen Cent.

Die Designer hatten dem 'Cuda für den 1971er Jahrgang einen leicht veränderten Grill verpasst und Kiemen in die vorderen Kotflügel geschnitten. Gegen Aufpreis gab es die großflächigen Vinyl-Aufkleber mit dem Hemi-Schriftzug. Niemand kaufte sich einen Hemi, um dann damit unerkannt in der grauen Masse zu verschwinden.

Die 115 Kunden, die willens und imstande waren, 883,90 Dollar allein für die Hemi-Option aufzubringen, sollten das Erlebnis 'Cuda nicht vergessen. Der Wagen wurde auf der Viertelmeile binnen 14 Sekunden 164 Stundenkilometer schnell – wenn der Fahrer es schaffte, die irrsinnige Kraft einigermaßen verlustfrei auf die Straße zu bringen. 425 PS und ein Tsunami an Drehmoment überforderten jeden Straßenreifen.

Zugegeben, mit der Fertigungsqualität war es so eine Sache. Die Türfenster neigten zum Scheppern, und ziemlich lieblos zusammengesetzte Karosserien machten einen besonderen Teil des Charmes dieses Fahrzeugs aus. Das alles aber verlor unmittelbar in dem Moment jegliche Bedeutung, in dem der Fahrer das Gaspedal durchtrat.

Basismotor: 426 cui (7 Liter), 425 PS, 664 Nm
Basispreis: US-$ 4040
Gewicht: 1588 kg
Stückzahlen: 108 Hardtops, 7 Cabrios

426 HEMI

HEMI
POLYGLAS GT - F60-15
GOODYEAR

426 HEMI
GOODYEAR
POLYGLAS GT – F60-15

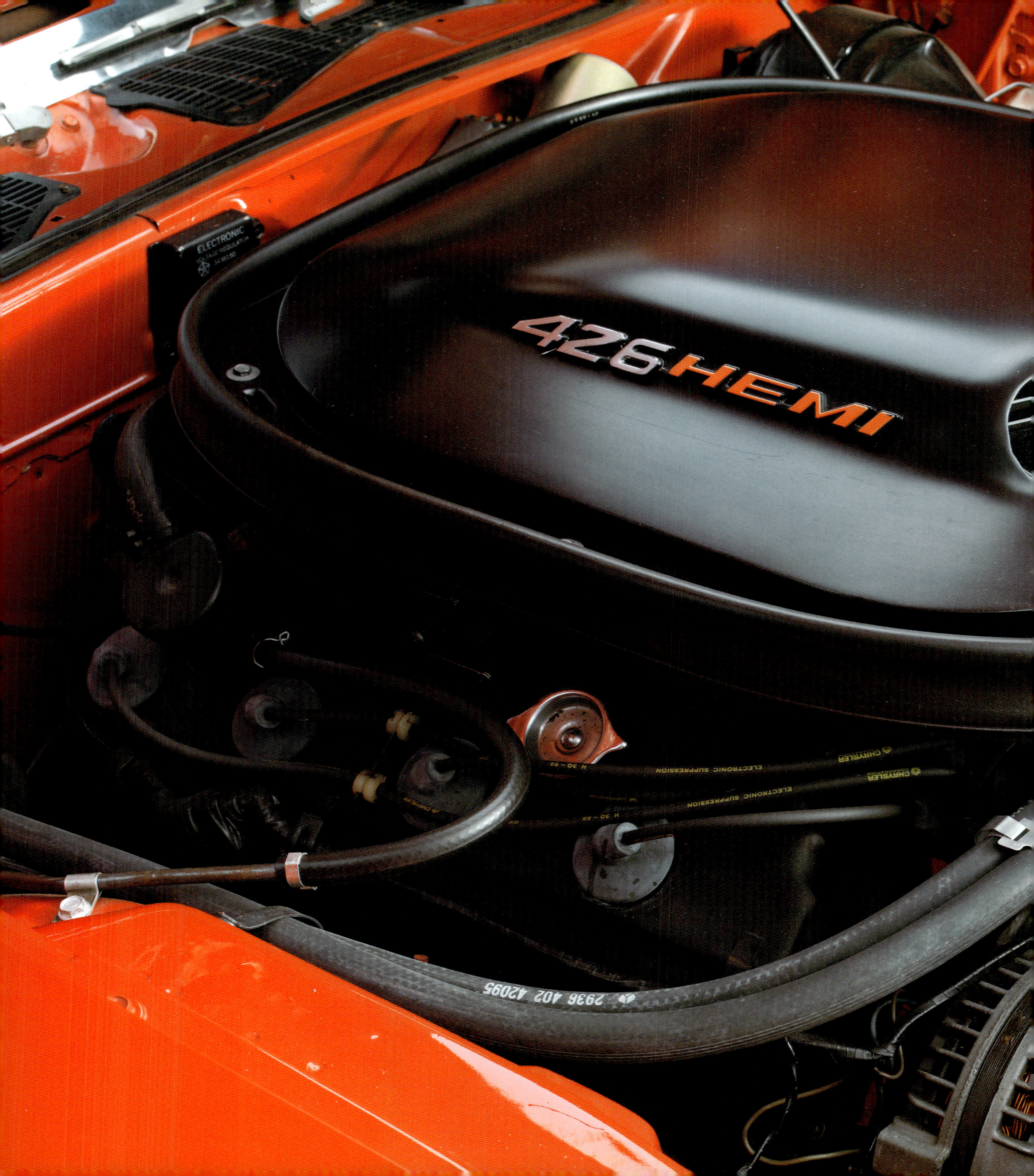
426 HEMI

RAD END
3462184
38198 A

426 HEMI

Kapitel 43

1971 PLYMOUTH ROAD RUNNER HEMI

Eine der Hauptregeln für Schauspieler lautet: Wenn du die Bühne verlässt, hinterlasse dein Publikum so, dass es noch lange nicht genug von der Vorstellung hat. Mit dem Road Runner 1971, einer Art letztem großen Auftritt, folgte Plymouth dieser Regel. Es war das erste Jahr für einen neuen Karosseriestil und das letzte für den berühmten 426 Hemi. Für Hardcore-Leistungsenthusiasten war die Zeit gekommen, sich jetzt zu entscheiden oder für immer zu schweigen. Bedauerlicherweise wollten sich zu wenige Menschen von ihrem Geld trennen.

Die Karosserie basierte auf der des Satellite, dessen jüngster Jahrgang fließender und abwechslungsreicher gestaltet war. Leider gab es kein Cabrio mehr. Eine mächtige Stoßstange umfing den Kühlergrill, einen Hinweis auf den Motor lieferte die große Ausbuchtung der Haube.

Den Road Runner gab es mit vier verschiedenen Motoren: dem 6,3-Liter-Basismotor, zwei verschiedenen 7,2-Liter und dem 426 Hemi. Letzterer lieferte immer noch 431 PS und ein Drehmoment von 664 Nm. Das bedeutete 13er-Zeiten auf dem Drag-Strip und gute 160 Stundenkilometer auf der Ziellinie.

Doch Leistung, zumindest so brutal vorgetragene wie die der Muscle-Cars, war nicht mehr gefragt. Die Versicherungen hatten ein waches Auge auf jeden heißen Schlitten und registrierten jeden Unfall. Die Prämien stiegen weiter und konnten leicht höher ausfallen als die monatlichen Raten für den Wagen. Die meisten Käufer wollten keine Scherereien, und als dann noch die Spritpreise in dem Tempo stiegen, in dem die PS-Zahlen sanken, war das Ende der Muscle-Cars besiegelt.

Plymouth machte Schluss mit dem Hemi, als er noch voll im Saft stand. Niemand hätte einen zahnlosen Hemi gewollt. Im Nachhinein haben die 55 Käufer eine gute Entscheidung getroffen. Wer hätte damals schon gedacht, dass ein Hemi noch einmal mehr wert sein würde als eine Handvoll Dollar?

Basismotor: 383 cui (6,3 Liter), 300 PS, 556 Nm
Alternativen: 340 cui (5,8 Liter), 275 PS, 461 Nm;
7,2 Liter V-8, 385 PS, 664 Nm;
7,0 Liter V-8, 425 PS, 664 Nm
Basispreis: US-$ 3147
Aufpreis für den Hemi-Motor: US-$ 884
Gewicht: 1651 kg
Stückzahl: 14.218
Mit Hemi-Motor: 55

ALABAMA
HEART OF DIXIE
VCH 504
Vintage Vehicle

HEMI
GOODYEAR
POLYGLAS GT – G60-15

road runner
POLYGLAS GT - G60-15
GOODYEAR

HEMI

Kapitel 44

1971 PLYMOUTH GTX 440

Der GTX und der Road Runner waren wie Zwillinge – und dann auch wieder nicht. Zwar basierten beide auf dem Mittelklasse-Modell Satellite, mit dem Thema Leistung aber gingen beide vollkommen unterschiedlich um. Bereits von der Konzeption her war der Road Runner ein aufs Nötigste reduziertes Muscle-Car. Der GTX hingegen war deutlich eine Klasse höher angesiedelt und strahlte das auch aus. Die Innenausstattung war reichlich mit Holzimitat versehen, Schalensitze mit hoher Lehne verbreiteten einen Hauch Luxus. Mit der Übernahme der neuen Karosserie war auch der GTX runder und weicher gestaltet und erweckte nicht länger den Eindruck, einzig zum Einbau PS-starker Motor entworfen zu sein. Plymouth gab dem neuen Design den Namen „Fuselage Styling", was immer das bedeuten sollte.
Mit seinem Preis von 3733 Dollar war der GTX nicht das billigste Muscle-Car im Plymouth-Angebot. Diese Ehre gebührte dem Road Runner. Der GTX sprach Kunden an, die ein klein wenig mehr Komfort zu schätzen wussten, aber dennoch nicht auf eine Wagenladung PS verzichten wollten.
Trotz seiner 1667 Kilogramm war der GTX auch 1971 noch ein schnelles Auto. Der 7,2 Liter große 440er Super Commando leistete stramme 370 PS und trieb den GTX in 14,9 Sekunden und mit 153 Sachen über die Viertelmeile. Dank des massiven Drehmoments waren 60 Meilen pro Stunde nach nur 6,5 Sekunden erreicht. Der GTX hatte serienmäßig ein verstärktes Fahrwerk und eine großvolumige zweiflutige Auspuffanlage. Die Spur des GTX war um 7,5 Zentimeter breiter als die des Vorjahresmodells, was das Handling verbesserte. Mittlerweile erwartete die Kundschaft allen Ernstes auch von einem Muscle-Car, dass es in Kurven eine zumindest einigermaßen gute Figur machte. Allzu große Illusionen durften sich jedoch auch GTX-Fahrer nicht machen.
Ein Verkaufsschlager war der GTX ohnehin nicht. Mit dem Basismotor 440-4 wurden lediglich 2538 gebaut. Gerade einmal 135 hatten den 440 Six-Pak.

Basismotor: 440 cui (7,2 Liter), 370 PS, 651 Nm
Alternativen: 440 cui (7,2 Liter, 3 Doppelvergaser), 370 PS, 664 Nm;
426 cui (7 Liter), 425 PS, 664 Nm
Basispreis: US-$ 3733
Gewicht: 1824 kg
Stückzahl: 2538
Mit 440-6: 135

PLYMOUTH
GTX

GTX
440+6
GOODYEAR
POLYGLAS GT – G60-15

GTX
GOODYEAR

GTX

Kapitel 45

1972 OLDSMOBILE HURST/OLDS CONVERTIBLE

Erst durch einen Unfall kam der Hurst/Olds nach Indianapolis. Beim Indy 500 im Jahr 1971 schoss das Pace-Car, ein Dodge Challenger, über die Streckenausfahrt hinaus und prallte gegen die Presse-Tribüne. Einige Vertreter der „Vierten Gewalt" wurden leicht ramponiert und ließen danach kein gutes Haar mehr an Dodge. Im Jahr darauf wollte dann kein Hersteller eine ähnliche PR-Katastrophe riskieren. Da betrat George Hurst den Ring und verkündete, sein Zubehör-Unternehmen werde die Fahrzeuge stellen.
Es war das erste Mal, dass ein anderer als einer der großen Autohersteller das Pace-Car für die Indy 500 stellte. Es kamen dann 76 Oldsmobiles: 42 Cabrios, 27 Coupés, sechs Kombis und eine Limousine. Eigentlich waren die Hersteller ja scharf darauf, die Aufgabe zu übernehmen, stand doch so stets ihr Auto im Mittelpunkt. Hurst nutzte diese Gelegenheit jetzt ebenfalls. Er hatte schon mit Oldsmobile zusammengearbeitet, deshalb war es nicht abwegig, beim 1972er Pace-Car gemeinsame Wege zu gehen. Oldsmobile profitierte davon, dass sein Wagen die Basis für die Hurst/Olds lieferte. Obendrein wurden einige „zivile" Versionen verkauft.
Diese waren alle praktisch baugleich mit 7,5-Liter-Motoren und der Dreistufen-Automatik Turbo Hydramatic 400. Als Hurst-Ableger hatte jeder Wagen natürlich einen der legendären Dual-Gate-Wählhebel. Das Rallye-Fahrwerk FE2 sollte die passende Mischung aus Bodenhaftung und Fahrkomfort gewährleisten. Um auch bei der Fahrt auf dem Highway die Motordrehzahlen niedrig zu halten, wählte man einen 3,23:1-Endantrieb. Einige H/O wurden mit dem W-30-Paket nachgerüstet, inklusive roter Innenkotflügel. Diese Autos hatten einen 3,42:1-Endantrieb.
In jenen Zeiten, als Autos ebenso cool auszusehen hatten wie sie schnell sein sollten, waren die Hurst/Olds in Cameo White mit Akzenten aus Hurst-Gold echte Hingucker.

Basismotor: 455 cui (7,5 Liter), 270 PS (SAE netto), 501 Nm (SAE netto)
Alternative: W-30, 455 cui (7,5 Liter), 300 PS (SAE netto), 556 Nm (SAE netto)
Basispreis: US-$ 2972
Aufpreis für W-30: US-$ 414,60
Gewicht: 1639 kg
Stückzahlen: 130 Cabrios, 499 Coupes

Firestone

OFFICIAL PACE CAR
56TH ANNUAL INDIANAPOLIS 500 MILE RACE
MAY 27, 1972
HURST
OLDS
FIREHAWK

Kapitel 46

1973 PONTIAC TRANS AM SUPER DUTY

Es war vorüber. Vorbei. Das Muscle-Car war tot und beerdigt. Versicherungsunternehmen, Abgasvorschriften und der magere Absatz hatten den PS-Monstern den Garaus gemacht. Dann trat dieser Wagen auf den Plan. Mit einer Power, wie man sie seit Jahren nicht gesehen hatte, in einem Auto, das jedermann bestenfalls als größenwahnsinniges Pony-Car abgetan, niemals aber für ein echtes Muscle-Car gehalten hätte. Der Super Duty Trans Am von Pontiac stürmte die Straßen wie ein Berserker auf dem direkten Weg nach Walhalla.

Der Trans Am kam recht kernig daher mit seiner Endura-Stoßstange, seiner straff sitzenden Karosserie, der flachen Linie und der breiten Spur. Stopf den Super Duty 455 unter die Haube, kleb das „Screaming Chicken" obendrauf, schmeiß ihn an und schnapp dir die Corvettes!

Pontiac verfügte über reichlich Erfahrung mit Rennmotoren und steckte sie in die Entwicklung des Super Duty 455. Verstärkter Motorblock, geschmiedete Pleuelstangen, Aluminiumkolben, Hauptlagerdeckel mit vier Schrauben – die Liste echter Rennsport-Komponenten schien endlos. Eigentlich handelte es sich hier um einen reinrassigen Rennwagenmotor, leicht für den Alltagsbetrieb gezähmt. Er besaß sogar die Vorbereitung für den Einbau einer Trockensumpfschmierung.

Die Zylinderköpfe waren veritable Kunstwerke. Obwohl die Einlasskanäle kleiner als bei den Ram-Air-Motoren waren, sorgten sie für geschmeidigen Durchsatz namentlich bei niedrigen und mittleren Motordrehzahlen, wo sich der Super Duty besonders wohl fühlte. Die obere Drehzahlgrenze lag bei nur 5700 Touren, doch dank der Drehmoment-Flutwelle musste niemand diesen Motor quälen.

Wegen der niedrigoktanigen Brühe, die damals als Benzin verkauft wurde, war das Verdichtungsverhältnis von 8,4:1 nicht besonders aufregend. Das spielte aber keine große Rolle: Der Super Duty brachte den Trans Am in 13,54 Sekunden über die Viertelmeile und machte ihn an deren Ende 168 Stundenkilometer schnell. Unter den 1973er Autos konnte das sonst keins – und früher auch nur wenige.

Basismotor: 455 cui (7,5 Liter), 250 PS (SAE netto), 502 Nm (SAE netto)
Das Fotomodell leistet: 290 PS, 529 Nm
Basispreis: US-$ 4204
Aufpreis für den SD-Motor: US-$ 521
Gewicht: 1589 kg
Stückzahl: 4802
Mit Super Duty: 252

PONTIAC

TRANS AM
BFGoodrich

TRANS AM
Radial T/A
BFGoodrich

Kapitel 47

1974 PONTIAC TRANS AM SUPER DUTY 455

In seinem zweiten – und letzten – Jahr hatte sich der Trans Am Super Duty 455 bereits einen legendären Ruf erworben. Entsprechend den US-Bundesvorschriften, die ab 1974 vorn an den Fahrzeugen echte Stoßfänger verlangten, hatte Pontiac dem Bug des Trans Am ein neues Gesicht gegeben. Die Reaktionen darauf fielen gemischt aus, doch niemand beschwerte sich über die lokomotivenartige Kraft, die der Super Duty 455 entwickelte. Die atemberaubende Leistung des Vorjahresmodells hatte die Fans neugierig gemacht, und so stürmten sie die Pontiac-Vertretungen, um die 74er-Version in Augenschein zu nehmen. Im zweiten Anlauf verkaufte sich der Super Duty erheblich besser.

Das Modelljahr wurde zu einem des Abschieds: vom letzten Super Duty 455 und von der letzten wahren zweiflutigen Auspuffanlage. 1975 kamen die Katalysatoren auf und das bleifreie Benzin. Bereits 1974 hatten serienmäßige Trans Am nun niedriger übersetzte Endantriebe. Nur der Super Duty 455 kam noch immer mit einer 3,42:1-Hinterachse.

Pontiac hatte unterdessen auch den Wert von Gürtelreifen auf das Fahrverhalten erkannt und stellte die meisten der 1974er-Modelle auf die neuen Gummis. So ausgestattet konnte der 1974 Trans Am der Corvette auf der Slalomstrecke Paroli bieten. Auf dem Drag-Strip hingegen degradierte der Trans Am Super Duty 455 eine 1974er Corvette zur Zuschauerin: Mit 167 Stundenkilometern und 13,5 Sekunden war der Super Duty der Platzhirsch in einer immer kleiner werdenden Herde.

Die Muscle-Car-Gemeinde war glücklich mit ihm, aber es war unübersehbar, dass die guten Zeiten nicht ewig währen konnten. Im weiteren Verlauf der 1970er Jahre wurde dann nicht mehr Leistung in Kubikzentimetern, sondern die Fläche protziger Aufkleber in Quadratmetern gemessen. Doch für kurze Zeit bestimmte der Super Duty 455, wo es langging. Er verließ die Szene mit fliegenden Fahnen.

Basismotor: 400 cui (6,5 Liter), 225 PS, 447 Nm
Alternativen: 455 cui (7,5 Liter), 250 PS, 515 Nm;
Super Duty 455 cui (7,5 Liter), 290 PS, 536 Nm
Basispreis: US-$ 4446
Aufpreis für SD-Motor: US-$ 578
Gewicht: 1658 kg
Stückzahl: 10255
Mit SD-Motor: 943

D-455

SD-455
TRANS AM
TRANS
BFGoodrich
Radial T/A

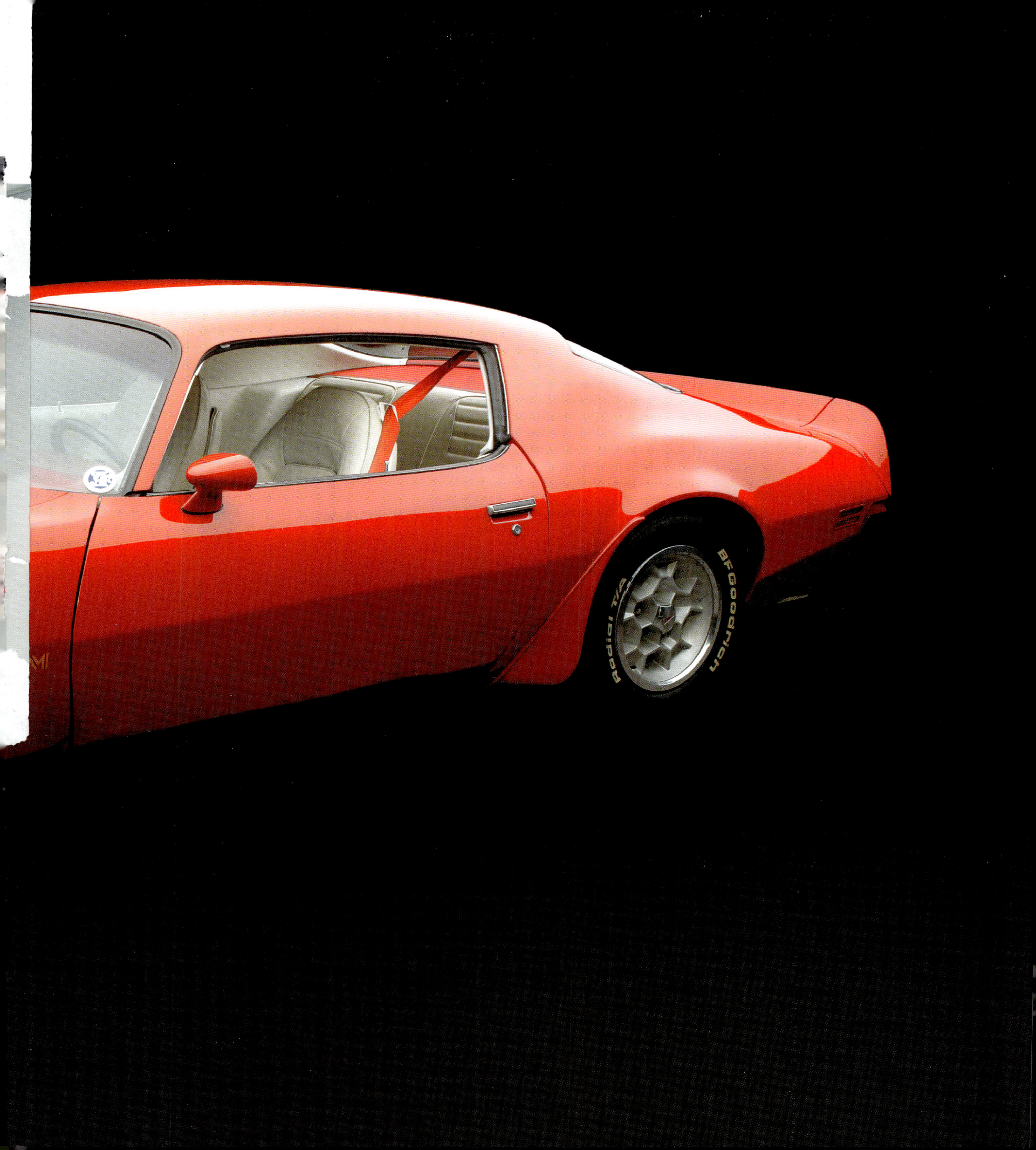
BFGoodrich
Radial T/A

INDEX